# 现代农业科技研究与实践

北京市昌平区农业局
北京市昌平区农业服务中心　编

中国农业大学出版社
·北京·

**图书在版编目(CIP)数据**

现代农业科技研究与实践/北京市昌平区农业局,北京市昌平区农业服务中心编.—北京:中国农业大学出版社,2015.12

ISBN 978-7-5655-1418-0

Ⅰ.①现… Ⅱ.①北…②北… Ⅲ.①农业技术-文集 Ⅳ.①S-53

中国版本图书馆 CIP 数据核字(2015)第 238383 号

**书　名** 现代农业科技研究与实践

**作　者** 北京市昌平区农业局<br>北京市昌平区农业服务中心 编

**策划编辑** 赵　中　　**责任编辑** 刘耀华
**封面设计** 郑　川　　**责任校对** 王晓凤
**出版发行** 中国农业大学出版社
**社　址** 北京市海淀区圆明园西路 2 号　　**邮政编码** 100193
**电　话** 发行部 010-62818525,8625　　读者服务部 010-62732336
编辑部 010-62732617,2618　　出 版 部 010-62733440
**网　址** http://www.cau.edu.cn/caup　　**E-mail** cbsszs@cau.edu.cn
**经　销** 新华书店
**印　刷** 涿州市星河印刷有限公司
**版　次** 2015 年 12 月第 1 版　2015 年 12 月第 1 次印刷
**规　格** 787×980　16 开本　11.25 印张　203 千字
**定　价** 30.00 元

# 编　委　会

# 前　言

北京市昌平区农业局、北京市昌平区农业服务中心始终坚持服务“三农”，围绕昌平农业主导产业开展服务。2012 年成功举办了第七届世界草莓大会，2013—2015 年又连续成功举办三届北京农业嘉年华，为市民了解北京农业发展和农业科技成果展示起到重要作用。2015 年的北京农业嘉年华更突出了京津冀协同发展的战略思想。

“科技是第一生产力”。昌平区农业局、昌平区农业服务中心的科技人员始终坚持科技创新引领昌平农业发展，做北京乃至全国的农业科技排头兵。最近几年积累了大量的科技资料，形成了一批科技成果，同时也在国内外的核心期刊上发表了大量的科技论文，现将部分论文成果汇编成册，供科技人员相互学习借鉴，同时对其也是一种激励，鼓励他们多思考、多撰写，为科技人员努力创新工作创造良好氛围，促进昌平农业持续健康发展。

本书凝聚了昌平区农业局、昌平区农业服务中心科技人员的辛勤汗水，每篇论文都反映了他们对工作的挚爱，记录了发展中的昌平农业的精彩点滴，展现了昌平农业科技工作者的风采。

在此，谨向所有关心和支持昌平农业的领导、同仁以及工作在一线的农业科技人员致以深深的谢意！

**陈怀勐**

2015 年 8 月

# 目　　录

# 目 录

# 气相色谱法测定醚菌酯在草莓中的农药残留

刘 敏[1] 田炜玮[2] 薛 丽[1] 孙 茜[1] 于静湜[3]

（1.北京市昌平区农产品监测检测中心，北京，102200；
2.北京市昌平区土肥站，北京，102200；
3.北京市昌平区农业技术推广中心，北京，102200）

**摘 要**：本实验建立了一种草莓中醚菌酯农药残留的气相色谱法。通过对前处理方法进行改进，采用气相色谱-电子捕获检测器对待测组分进行分离和测定，结果表明，添加浓度为0.006 mg/kg、0.1 mg/kg、2 mg/kg时，草莓中的醚菌酯回收率为87%～102%、实验室内变异系数小于4%，均符合GB/T 27404—2008的要求。

**关键词**：草莓，醚菌酯，气相色谱法，残留

**Abstract**：An analytical method of kresoxim-methyl in Strawberry by gas chromatography (GC-ECD) had been established. The tified recovery of kresoxim-methyl in Strawberry sample was 87%～102%. Relative standard deviation was less than 4%.

**Key words**：Strawberry，Kresoxim-methyl，Gas Chromatography，Residue

醚菌酯是一种高效、广谱、新型杀菌剂，对草莓白粉病有良好的防治效果。随着设施草莓栽培面积的不断扩大，醚菌酯在草莓上的残留问题也日渐突出[1]。

我国《食品安全国家标准 食品中农药最大残留限量》GB 2763—2014[2]中规定，蔬菜、水果中醚菌酯的最大残留限量一般为0.2～2 mg/kg，而草莓中醚菌酯的最大残留限量为2 mg/kg。GB 2763—2014中测定蔬菜、水果中醚菌酯的残留方法有：GB/T 19648—2006[3]采用气相色谱—质谱法进行测定；GB/T 20769—2008[4]采用液相色谱-串联质谱法。这样的测定方法要求检验机构需要配备GC-MS、LC-MS这样价格昂贵的仪器设备。对于北京市的一些基层检验机构，大多配备了气相色谱仪，由于仪器限制而不能增加检测项目。

本实验室常年以检测草莓为主，且仅有气相色谱仪，而醚菌酯在气相色谱-电

子捕获检测器的灵敏度非常好[5-6]，结合章虎、吴宪[7]等的研究和NY/T 761—2008[8]方法的改进，本实验室希望建立草莓中醚菌酯的气相色谱测定方法。

# 1 材料和方法

## 1.1 仪器、试剂

日本岛津GC 2010气相色谱仪（电子捕获检测器）、德国IKA T25高速匀浆机、日本东京理化EYELA旋转蒸发仪N-1001S-W、美国Supelco固相萃取装置、天津奥特赛恩斯MTN-2800W氮吹仪、天津津腾GM-0.33A隔膜真空泵。

醚菌酯标准品购自农业部环境保护科研监测所。

乙腈、正己烷、乙酸乙酯均为色谱级试剂。固相萃取柱为弗洛里硅土柱（1 000 mg/6 mL）。

## 1.2 实验方法

将草莓样品缩分后，充分混匀放入食品加工器粉粹，制成待测样。准确称取25.0 g试样放入匀浆机中，加入50.0 mL乙腈，在匀浆机中高速匀浆2 min（10 000 r/min）后过滤，滤液收集到装有7 g氯化钠的100 mL具塞量筒中，盖上塞子，剧烈震荡1 min，在室温下静置30 min，使有机相和水相分层。

取10.00 mL乙腈溶液，放入鸡心瓶中，旋转蒸发至净干，加入2.0 mL正己烷，盖上铝箔，待净化。

将弗洛里硅土柱依次用5.0 mL乙酸乙酯＋正己烷（5＋95）、5.0 mL正己烷预淋洗，当溶剂液面到达柱吸附层表面时，立即倒入待净化溶液，用15 mL刻度离心管接收洗脱液，用5.0 mL乙酸乙酯＋正己烷（5＋95）冲洗鸡心瓶后淋洗弗洛里硅土柱，并重复一次。将盛有淋洗液的离心管氮吹蒸发至小于5 mL，用正己烷定容至5.0 mL，在旋涡混匀器上混匀，分别移入2个2 mL自动进样器瓶中，待测。

## 1.3 色谱测定条件

预柱：1.0 m，0.25 mm内径，脱活石英毛细管柱；分析柱：RTX-1701柱（30 m×0.25 mm×0.25 μm）；载气：氮气（99.999%），流速为4 mL/min；尾吹：氮气（99.999%），流速为60 mL/min；进样口温度280℃；检测器温度300℃；色谱柱采用程序升温，200℃（保留2 min），10℃/min上升到220℃（保留2 min），10℃/min上升到260℃（保留20 min）。

# 2 结果与分析

## 2.1 方法回收率实验

以新鲜草莓为实验材料,以 0.006 mg/kg、0.1 mg/kg、2 mg/kg 进行三水平的添加回收实验,实验重复测定 3 次,醚菌酯的添加回收率均为 87%~102%,符合国家标准 GB/T 27404—2008[9] 的要求。如图 1、表 1 所示。

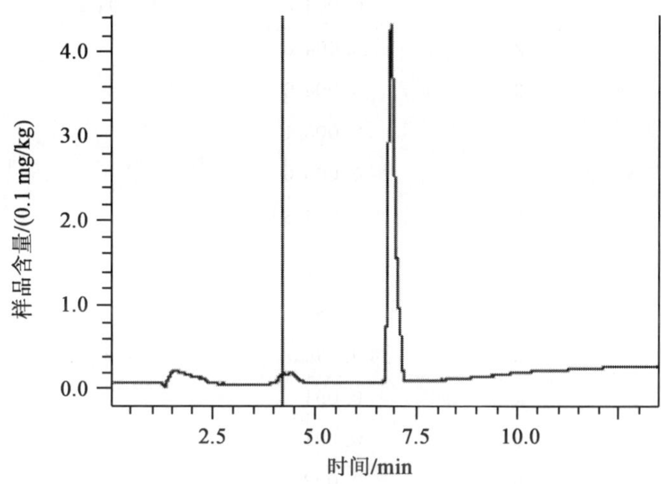


**图 1 醚菌酯标准色谱图(0.1 mg/kg)**

**表 1 回收率结果**

| 添加值/(mg/kg) | 重复 | 样品含量/(mg/kg) | 回收率/% |
|---|---|---|---|
| 0.005 | 1 | 0.004 8 | 96 |
| | 2 | 0.004 8 | 96 |
| | 3 | 0.004 6 | 92 |
| 0.1 | 1 | 0.087 | 87 |
| | 2 | 0.087 | 87 |
| | 3 | 0.096 | 96 |
| 2 | 1 | 1.88 | 94 |
| | 2 | 1.95 | 98 |
| | 3 | 2.03 | 102 |

## 2.2 方法精密度实验

同样以新鲜草莓为实验材料，以 0.006 mg/kg、0.1 mg/kg、2 mg/kg 进行精密度实验，实验重复测定 6 次，醚菌酯实验室内变异系数均小于 4%，符合标准 GB/T 27404—2008 的要求。如表 2 所示。

**表 2 精密度结果**

| 添加值/(mg/kg) | 重复 | 样品含量/(mg/kg) | 平均值 | 变异系数/% |
|---|---|---|---|---|
| 0.005 | 1 | 0.004 8 | 0.004 9 | 3.6 |
| | 2 | 0.004 8 | | |
| | 3 | 0.004 6 | | |
| | 4 | 0.005 1 | | |
| | 5 | 0.005 0 | | |
| | 6 | 0.004 8 | | |
| 0.1 | 1 | 0.087 | 0.91 | 3.7 |
| | 2 | 0.087 | | |
| | 3 | 0.096 | | |
| | 4 | 0.091 | | |
| | 5 | 0.091 | | |
| | 6 | 0.092 | | |
| 2 | 1 | 1.88 | 0.59 | 3.4 |
| | 2 | 1.95 | | |
| | 3 | 2.03 | | |
| | 4 | 2.01 | | |
| | 5 | 1.91 | | |
| | 6 | 1.88 | | |

## 2.3 醚菌酯检出限

在上述色谱条件下，结合样品基质干扰情况，醚菌酯在草莓中的最低检出限为 0.005 mg/kg。

# 3 结论

本次实验对草莓中醚菌酯的提取、净化、浓缩等过程进行了研究和改进，对气相色谱(ECD 检测器)下的检测条件进行优化,方法添加回收率为 87%~102%、实验室内变异系数小于 4%,均符合标准 GB/T 27404—2008 的要求,建立了草莓中醚菌酯的气相色谱测定方法。该方法对于气相色谱-电子捕获检测器具有较高的灵敏度,对于未配备 GC-MS、LC-MS 的实验室,可以采用此方法开展草莓中醚菌酯的检测工作。

## 参考文献

[1] 张志恒,李叶红,吴珉,等. 百菌清、腈菌唑和吡唑醚菌酯在草莓中的残留及其风险评估. 农药学报,2009,11(4):449-455.

[2] 中华人民共和国卫生部,中华人民共和国农业部. GB 2763—2014 食品安全国家标准 食品中最大农药残留限量标准. 北京:中国标准出版社,2014.

[3] 中华人民共和国质监总局,中国国家标准化管理委员会. GB/T 19648—2006 水果和蔬菜中 500 种农药及相关化学品残留的测定气相色谱-质谱法. 北京:中国标准出版社,2006.

[4] 中华人民共和国质监总局,中国国家标准化管理委员会. GB/T 20769—2008 水果和蔬菜中 450 种农药及相关化学品残留量的测定液相色谱-串联质谱法. 北京:中国标准出版社,2008.

[5] 章虎,叶蓓蓓,王祥云,等. 气相色谱法测定番茄、黄瓜中醚菌酯和肟菌酯残留. 化学通报,2008,6:465-468.

[6] 周凤霞,陈存. 气相色谱法同时测定蔬菜中醚菌酯和肟菌酯残留量的方法研究. 农业环境与发展, 2009, 4:81-84.

[7] 吴宪,李建中,胡继业,等. GC 法检测醚菌醋在黄瓜中的残留. 环境化学,2005,24(4).

[8] 中华人民共和国农业部. NY/T 761—2008 蔬菜和水果中有机磷、有机氯、拟除虫菊酯和氨基甲酸酯类农药多残留的测定. 北京:中国农业出版社,2008.

[9] 中华人民共和国质监总局,中国国家标准化管理委员会. GB/T 27404—2008 实验室质量控制规范 食品理化检测. 北京:中国标准出版社,2008.

# 昌平区草莓产业发展现状、存在问题、保障措施及建议与展望

王崇旺[1]　于静湜[1]　刘艳会[2]　齐长红[2]　孙　燚[3]

（1.北京市昌平区农业技术推广中心，北京，102200；2.北京市昌平区蔬菜技术推广站，北京，102200；3.北京市昌平区农产品监测检测中心，北京，102200）

草莓具有生长周期短、种植效益高等特点，且草莓果实鲜美红嫩，果肉多汁，含有丰富的维生素和矿物质，已成为元旦、春节期间的畅销果品。北京市昌平区自2002年开始发展设施草莓产业，目前草莓的日光温室种植设施已达10 000余栋（图1）。历经10余年的发展，乘势第七届世界草莓大会与首届北京农业嘉年华的成功举办，昌平区草莓产业由规模增长阶段向品质提升阶段转型，打出了昌平又一张靓丽的名片。昌平区2013—2014年草莓种植季实际种植草莓5 242栋，年产值预计保持在4亿元以上。

设施草莓种植面积的不断发展壮大，对提高设施农业综合效益、推进都市型现代农业发展、加快农业产业机构调整具有重要意义。优质、高效的设施草莓产业将成为北京市昌平区设施园艺快速、高效和可持续发展的支撑。

## 1　草莓产业发展现状

### 1.1　草莓栽培品种现状

2002年，北京市昌平区主栽品种有“童子一号”“甜查理”“枥乙女”，其中“童子一号”种植面积占总种植面积的90%。经过10余年的发展，昌平草莓经历了3个品种到多个品种试种筛选，2005年“红颜”“章姬”等品种的出现，“童子一号”种植比例逐年下降，发展到现在以“红颜”“章姬”等亚系品种占主导地位。这些新增品种品质较好，糖度高，尤其是“红颜”，可溶性固形物含量平均为11.8%，非常爽口，最大单果重96 g，平均单果重15 g，每亩产量2 600～3 000 kg；“章姬”草莓果实有特殊的芳香味道，可溶性固形物含量为9%～14%，最大单果重在100 g左右，平均单果重16 g，每亩产量2 600～2 800 kg。

据统计，2013—2014年，昌平区草莓栽种“红颜”品种占总栽种面积的90%；

"章姬"占5%;"树友一号""金维多288""桑坦"等新品种占5%。由此可见,昌平区草莓生产主栽品种对"红颜"的严重依赖格局尚未改变,但草莓新品种的不断涌现使得草莓品种呈现出多样化、专业化、高产优质化的趋势,种植者更加青睐于草莓的风味和品质。

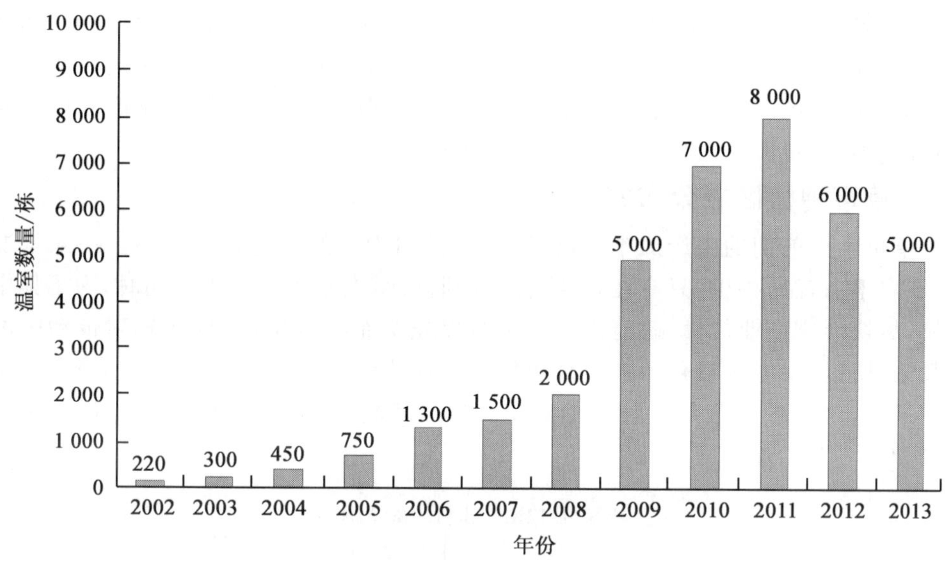


图1 北京市昌平区草莓日光温室栽培数量概况

## 1.2 草莓种植面积现状

昌平区草莓生产多采用日光温室促成栽培,日光温室标准多是长50 m,跨度8 m。2002年昌平第一年大规模集中生产草莓,温室数量220栋。由于草莓温室成本较高,到2003年,温室发展到300栋,较2002年增加36%。2004年北京市政府加大了对草莓产业的扶持力度,不仅对新建的温室进行资金及实物补贴,同时对草莓种苗款也进行补贴。在草莓较大的经济效益的驱动下,草莓种植面积进一步扩大,2004年草莓生产温室达到450栋,比2003年增加了50%。随着对扶持政策的进一步深入,2005年草莓温室增加到750栋,比2004年增加了66.7%。2006年快速发展到1 300栋,比2005年增加了73.3%。到2007年,草莓生产温室增加到1 500栋,比2006年增加了15.4%。2008年草莓生产温室增加到2 000栋,比2007年增加了33%。2008年3月,中国获得2012年第七届世界草莓大会的举办权,第七届世界草莓大会将于2012年在北京昌平举办,必将为草莓产业的发展带来难得的机遇和广阔的前景。2009年草莓生产温室迅速增加到5 000栋,比2008

年增加了150%。在昌平区政府对草莓产业发展的支持引导下，草莓产业迅速发展，2010年草莓生产温室数量上升到7 000栋，比2009年增加了40%。2011年建设草莓设施日光温室10 000栋，其中生产草莓温室为8 000栋，比2010年增加了14%，草莓生产温室数量达到高峰。2012年，草莓生产温室数量呈现下降趋势，为6 000余栋，比2011年下降了25%。2013—2014季草莓实际栽种温室数量5 000余栋，比2012年下降了17%。从上述数据可以看出，北京市昌平区草莓生产正从快速发展时期过渡，2012年起草莓栽培温室数量有所下降，草莓产业进入稳步发展阶段(图1)。

## 1.3 草莓种植区域分布特点

草莓生产前期的生产成本较高，这主要是因为生产设施投入较高。一般情况下，农户不敢轻易种植，只有在现实的经济利益前，农户才敢投入。同时，为了集中扶持，尽快形成产业规模，政府出台了尽量以龙头企业为中心、周边辐射带动的激励政策，所以，昌平区草莓生产呈现出集中连片的种植格局。其中兴寿镇草莓种植面积最大，占昌平区草莓总种植面积的63%；其次是小汤山镇和崔村镇，分别占12%和9%(图2)。

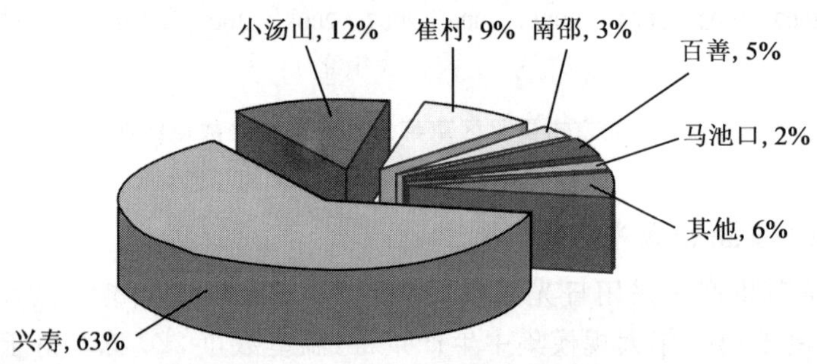


图2 2013年北京市昌平区草莓种植分布比例

## 1.4 草莓销售渠道变化

草莓以其果实色彩艳丽、味道鲜美，深受消费者的青睐，老少皆宜，成为节日送礼的佳品。目前，昌平区草莓销售渠道主要包括：礼品箱、观光采摘、合作社统一收购销售、供应超市、小商贩收购等。近两年，在政府部门的大力支持下，还开展了草莓进社区活动，让北京市小区居民足不出户，品尝到了昌平草莓。

2014年与2013年销售情况相比，礼品箱所占比例下降幅度较大，下降了23个百分点；其中观光采摘比例、小商贩收购比例、送销合作社比例、供应超市比例均比去年有所上升,说明2014年与2013年销售渠道有所变化,但种植户收入情况与去年基本持平(图3)。

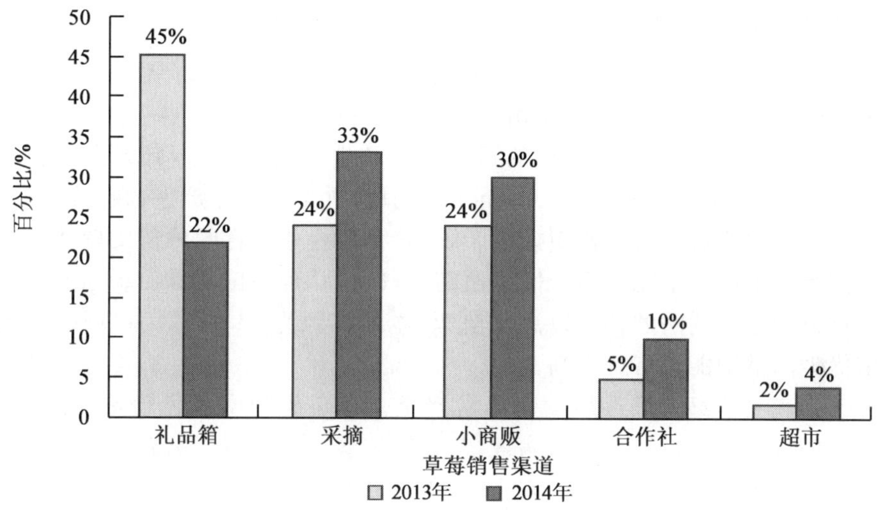


**图3　2013—2014年昌平区草莓销售方式各占百分比**

# 2　草莓产业发展存在问题

## 2.1　土壤氮磷钾含量增高,连作障碍突出

在草莓生产中,通常把增施有机肥作为增产的重要技术措施之一。随着种植年限的增长,昌平区草莓温室土壤中的有效氮磷钾含量一直维持在较高水平。在草莓生产中,昌平区土肥站大力推广科学施肥,特别是测土配方施肥技术,以有效缓解、解决土壤中养分富集的问题。

伴随着设施栽培面积扩大,设施内多年栽种草莓,土壤连作障碍突出,土传病害逐年加重,土壤次生盐碱化等问题使得草莓栽培效益大大降低,成为限制设施草莓生产发展的重要因素。连作障碍主要归结为三大因素:致病菌积累、营养失衡及根系分泌物的自毒作用。其中任何一个因素均可导致作物生长受阻,产量下降,品质变劣。而土壤的盐分浓度过高,会影响草莓的生长发育,使植株矮小、叶缘干枯、生长不良、根系变褐乃至枯死。目前,种植草莓5年的日光温室土壤中养分富集,造成土壤养分失衡,既浪费肥料又增加了生产成本。土壤肥力的消耗主要来自于植物根系的吸收,因此,轮作对解决连作障碍有着积极的效果。轮作可以平衡土壤养分,有效减轻土壤盐分积累。此外,草莓生产中施入微生物肥料,可以增加土壤中的有益菌群，改善土壤菌群结构，可以缓解由于有害菌的积累对草莓生长造成的影响。

### 2.2 种苗来源、质量问题

种苗质量好坏在草莓生长过程中起到至关重要的作用，选择优质壮苗是草莓优质高产的基础。草莓的产量，是由花序数、开花数、等级果率、果实大小和总株数等因素构成的，而这些因素与植株的营养状况和生长发育状态，有着密切的关系。目前，昌平草莓种植者普遍面临买好苗难的问题，并呈现逐年严重的趋势。分析原因主要包括全国草莓种苗企业鱼龙混杂，一些育苗企业繁育的种苗质量并无保证；本地育苗企业生产量不能满足全区购苗需求；缺少草莓种苗质量控制标准。目前，昌平区草莓种植户选购的种苗以浙江苗源、本地苗源为主，同时，一些草莓种植户对种苗优劣的辨别能力有待提高。

由于生产上草莓的病毒病发病非常严重。草莓生产中危害严重的病毒主要有：草莓斑驳病毒、草莓轻型黄边病毒、草莓皱缩病毒和草莓镶脉病毒。至今为止，对草莓病毒病还没有有效的防治方法，只能通过培育无病毒苗或控制病毒传播途径 2 种方法。实践证明，采用无病毒苗生产草莓，是解决病毒病危害的有效方法。随着草莓产业的发展，应着力推广草莓脱毒苗的应用。

通过调查，近几年昌平区草莓种植户对脱毒苗的认识度有所提高，并且自主育苗比例有所上升。种植户在自己温室后墙处搭设荫棚，计划购买草莓脱毒原种苗作为母苗，进行避雨育苗。

### 2.3 品种退化，主栽品种单一

目前，昌平区草莓主栽品种以红颜、章姬为主，其中红颜的栽种面积占草莓栽种总面积的 90%以上。由于栽培年限长，红颜、章姬均出现了品种退化，表现出生长势减弱，病虫害加重，畸形果增加等现象。

随着昌平草莓产业逐年发展，逐渐涌现出白草莓、桑坦等优秀品种。但迫于种苗来源问题，加之草莓种植者观念保守，不愿尝试新品种，导致昌平区草莓新品种推广困难。

## 3 草莓产业发展保障措施

### 3.1 政策保障

为引导农民、企业以及社会力量投入草莓产业，昌平区出台了一系列的鼓励政策。除了水、电、路等基础设施建设外，农民建一个日光温室，政府补贴 3 万元，并提供政府贴息贷款。对农民生产需要的各种生产资料，如基施菌肥、农药、肥料、种苗等，政府都给予一定的补贴。这样做，既减轻了农民的负担，又调动了社会投入的积极性，提高了整个草莓产业的水平。高水平的投入为生产高品质草莓产品打下了基础。同时，由于对肥料、农药实行补贴，有利于政府对草莓生产安全的控制和草莓品质的提高。

为了解决草莓栽培连作障碍，提高草莓种植水平，提升草莓品质，增加农民收益，在借鉴国外栽培技术的基础上，结合本区日光温室实际情况，昌平区政府逐步示范推广草莓高架基质栽培生产模式，对于草莓高架基质栽培的农户及园区，政府均给予相应的补贴。

## 3.2 生产技术服务

随着昌平区草莓产业的不断发展壮大，急需一支专业的技术队伍来推动草莓生产栽培技术的提升，2009年昌平区农业技术推广中心草莓服务工作队在区农服中心的领导下应运而生，重点负责草莓重镇兴寿镇的草莓生产服务工作，同时辐射周边，面向全区。

昌平区农业技术推广中心草莓服务工作立足本单位职能工作，以兴寿镇为重点，开展种植技术推广、生产情况调查、生产技术指导等服务内容。通过开展草莓生产服务，推动草莓生产技术的提升，保障农产品质量安全，促进农民增收，助力昌平区草莓产业的稳定与发展。

2013—2014年草莓生产服务季与往年相比呈现出不同的特点：借助草莓大会和农业嘉年华的影响力和品牌带动力，昌平区草莓的知名度更高、影响力更大，草莓的产品质量安全备受关注，保持昌平区草莓产业的稳定与发展成至关重要；从初期的注重经济效益，向经济效益、社会效益和生态效益并重转变。针对昌平区草莓产业发展呈现的新的阶段特点，昌平区农业技术推广中心结合产业阶段特点和自身技术资源优势，制定针对兴寿镇的新一季草莓生产服务方案。

本季草莓生产服务工作突出创新务实的特点，全力为草莓生产服务。一是责任区划，落实到人，在兴寿镇划分责任区，实行领导负责制，每个责任区由专人负责；二是简化环节、注重效率，技术人员向责任区的农户发放技术服务联系卡，农户在草莓种植过程中发现问题可直接与技术人员联系，减少中间环节，为农户提供了便利；三是贴近农户，技术面授，技术人员骑行自行车开展入户技术服务，交通工具的改变突出了环保、便捷和贴近农户的优点；四是选好时间，方便服务，每个技术人员每周要有两天进行入户走访服务，同时不耽误其他农业技术推广工作，每周三全体人员同时入户，选定每周中间一天集体入户，以便发现问题及时解决。

开展草莓示范棚示工作。昌平区农业技术推广中心草莓服务工作队每位队员在自己的责任村选定一栋草莓种植温室作为示范棚，所选示范棚的种植户水平良莠不齐，但都具有自己的管理特点。草莓服务工作队的队员们为农户提供技术服务，目的是通过示范棚推广先进的草莓栽培管理技术，并辐射周边，带动周边草莓种植技术共同发展。

开展内部培训，加强服务队自身建设，提升技术人员素质。服务队利用每周固定服务的周三中午时间开展内部培训，培训包括基层生产工作方法、草莓栽培技术等内容。通过培训，使青年技术人员快速融入生产服务工作，增强了自身的业务素养，为更好地服务农户提供了知识保障。

### 3.3 农资服务

昌平区现已基本形成较完善的农资配送服务体系，于2008年成立农资连锁配送中心，经过几年的发展，不断有专业合作社的加入，规模不断壮大，现已形成区、镇、村三级销售网络，在区内服务科技、保障生产方面发挥着重要作用。昌平区农资连锁配送服务中心以服务科技、服务生产为宗旨，针对草莓产业状况开展生产资料经营服务活动，保障生产需求，配合农业技术推广，开展生产服务，促进草莓产业科技推广及生产发展。农资服务通过农资服务体系建设，规范昌平区农资市场，保障草莓产业生产资料质量安全，确保产业生产安全，保障昌平区草莓产品质量安全，促进草莓产业良性发展。

### 3.4 提高市场知名度

在做好草莓生产服务的同时，昌平区农业技术推广中心更注重做好草莓产业的宣传工作，提升昌平草莓的市场知名度，打亮昌平草莓品牌。

昌平区农业技术推广中心在草莓生产的关键技术环节注意通过媒体进行宣传，一是提高农户的栽培技术水平，注意关键环节控制，提升草莓生产过程的安全性和品质保障；二是让广大市民了解草莓生产的过程和环节，让市民对草莓的品质和安全性有一定的了解，对草莓产品更加放心。

## 4 草莓产业发展建议与展望

### 4.1 建议

#### 4.1.1 加强区域销售主体建设

建议加强以北京鑫城缘果品专业合作社为代表的销售主体建设，发挥主体优势，通过销售带动作用辐射周边村镇、农户，带动全区草莓产业发展。

合作社采取帮销制，对于销售滞后的农户，给予销售的帮助，并通过整合合作社内各户资源，接待大量采摘团队，起到了很好的效果合作社致力于为农户服务，通过区农业科技项目支持，自身高新技术应用示范展示，推广草莓生产先进配套技术，服务于所有合作社社员，带动周边草莓种植技术发展。

#### 4.1.2 加强草莓新品种筛选与推广

昌平区农业技术推广中心将通过核心园区、龙头企业、典型农户3种渠道，逐年开展草莓新品种试验示范，为草莓优秀新品种的推广贡献力量。

#### 4.1.3 实行草莓良种苗的标准化生产与推广

选用无毒草莓种苗是草莓产业发展的趋势，因此，在今后的草莓产业结构调整中，利用草莓脱毒技术并建立完善的草莓脱毒苗繁育体系。在质量控制技术和脱毒苗推广应用等方面应加大力度，不断完善种苗生产技术体系和质量管理体系，为生产者提供品种纯正、健壮的脱毒苗。

#### 4.1.4 加强草莓安全优质生产

加强草莓安全优质生产已经成为草莓产业发展的重中之重。草莓栽培过程中如果化肥、农药用量过多，由此会造成草莓品质下降、农药残留超标等问题，同时也会对周边生态环境造成污染。我们应加强宣传力度，提高全体草莓种植户的食品安全意识，推广无公害生产、绿色生产，注重食品安全，种放心草莓。

#### 4.1.5 推广草莓栽培新模式

目前，设施草莓栽培以地栽为主。随着新技术的应用示范与推广，逐渐涌现出草莓立体栽培新模式。包括温室内"H"形架式栽培、后墙管道栽培、阳台型等多种模式。示范推广草莓立体栽培模式，配合无土栽培技术，可以有效解决土壤连作障碍问题，并且有效提高草莓果品品质。

#### 4.1.6 点亮昌平草莓品牌

得天独厚的自然环境，良好的发展态势和前景，优惠的政策保障，完善的生产技术服务和农资服务，配合以广泛的品牌宣传，相信草莓将成为昌平区最亮丽的一道风景。积极发挥草莓龙头企业带动作用，辐射全区草莓产业稳步向前发展，点亮昌平草莓品牌。

### 4.2 展望

整合资源，突出草莓规模效益，草莓产业的生产功能、生态功能，服务功能、社会功能。升级后的草莓产业不但将产生巨大的经济效益，还将发挥巨大的生态效益和社会效益。

随着消费水平的不断提高和北京地区人口的不断增长，考虑到人口、人均收入及城镇化进程加快等因素，人们对草莓需求的总量将不断增加，尤其是追求高品质的草莓产品，包括观光采摘休闲和高端礼品市场。

未来一段时间，草莓生产还有很大的提升空间，随着草莓品种改良、脱毒苗使用比例逐渐增加、繁育方式、栽培及管理技术的不断升级，草莓的产量和品质将有更进一步的提升。

## 参 考 文 献

[1] 中共第十七届中央委员会三次会议.中共中央关于推进农村改革发展若干重大问题的决定.2008.

[2] 昌平农事(2004).北京:西苑出版社,2004.

[3] 昌平农事(2005).北京:西苑出版社,2005.

[4] 王立府.北京市昌平区草莓生产状况调查,农业工程技术·温室园艺,2009,2.

# 昌平区草莓品质性状分析

田炜玮[1] 孙 燚[2] 孙 茜[2] 刘 敏[2]

（1. 北京市昌平区土肥站，北京，102200；
2. 北京市昌平区农产品监测检测中心，北京，102200）

**摘 要**：本实验测定了 15 个草莓品种的总糖、总酸、维生素 C、糖组分含量，并且选取其中 9 个品种，在室温和冷藏 2 个处理下，进行了保鲜期内总糖、总酸的测定，且记录保鲜时间的长短。结果表明，不同草莓品种果实的品质性状表现出明显差异，御用的维生素 C 含量最高，100 g 为 95. 39 mg；圣安德瑞斯的总酸含量最高，为 1. 72 g/L；红颜的总糖含量最高，为 10. 0%。糖组分测定显示，草莓果中蔗糖含量最高的品种是红颜、葡萄糖含量最高的品种是隋珠、果糖含量最高的品种是蒙特瑞、多糖含量最高的品种是波特拉。不同种植基地草莓果实的品质性状存在显著性差异。保鲜期内，总糖含量变化为先增高后降低，总酸含量变化随着保鲜时间的延长而不断降低的趋势。红颜品种的维生素 C、总酸、总糖含量均较高，所以该品种的综合品质性状较好。

**关键词**：昌平草莓，品质性状，保鲜期，糖组分

**Abstract**: This experiment measured the 15 strawberry varieties of total sugar, total acid, VC, sugar compositions, and chose 9 varieties, under the two processing and cold storage at room temperature, the preservation period, the determination of total sugar, total acid, and record keeping fresh time length. Results showed that different varieties of strawberry fruit quality traits showed obvious difference, own the highest content of vitamin C, 95. 39 mg/100 g; St. Adrian, total acid content is the highest, 1. 72 g/L; Beauty is the highest content of total sugar, at 10. 0%, according to the determination of sugars in strawberry fruit contains the highest sugar content variety is beauty, the highest glucose content variety was the highest SuiZhu, fructose content was the highest of monterey, polysaccharide content variety is potter. Different planting base of strawberry fruit quality traits exist significant differences. Fresh period, total sugar content first increased after decreased, the total acid content change with the extension of preservation time and lowering the trend. Beauty of varieties of VC, total acid, total sugar content were higher, so it has good comprehensive quality traits.

**Key words**: Strawberry, Quality traits, Last period, Sugar components

草莓(*Fragaria ananassa* Duch.)属蔷薇科草莓属的多年生草本植物，又叫洋莓，原产于南美洲、欧洲等地，由俄国侨民于20世纪初带入中国[1]。草莓品种繁多，有2 000多个品种[2]，果实鲜红美艳，柔软多汁，甘酸宜人，芳香馥郁，具有很高的营养价值和食疗作用。每100 g草莓含葡萄糖2.59 g，蔗糖1.30 g，果胶1～1.7 g，蛋白质0.4～0.6 g，无机盐0.6 g，果酸0.6～1.6 g，粗纤维1.4 g，胡萝卜素0.01 mg，还含有Fe、P、Ca、谷氨酸、核黄素、维生素C和14种人体所需的氨基酸，维生素C含量极高，有"水果皇后"美誉[3]。草莓的口感分甜和酸，分别用总糖和总酸表示。蔗糖是草莓糖组分中最甜的成分。最传统医学认为，草莓性凉味酸，具有润肺生津、清热凉血、健脾解酒等功效，对动脉硬化、高血压、冠心病、坏血病、结肠癌等疾病有辅助疗效。

草莓极不耐储藏，果实为浆果，果皮极薄，一般采后仅数小时就会出现水渍状白斑，并在1～2 d内白斑组织失水，细胞干缩，水渍斑出现，若水渍斑大于黄豆粒时，可形成明显淡褐色凹陷，果实天然红色渐渐褪去。若贮藏环境相对湿度过大，则有霉变现象出现，严重影响外观及商品价值。在常温下1～2 d就变色、变味和软化腐烂，对于购买者来说即失去食用价值，对于生产者来说就会造成严重的经济损失。−3℃贮藏4 d会发生冻害，高湿也极易使草莓腐烂[5]，并产生异味。20世纪80年代以来我国草莓生产发展迅速，栽培面积已达36 700 $hm^2$，居世界之首，年总产量35.7万t，仅次于美国，居世界第2位[6]。草莓的产量迅猛上升，销量也大大增加，因此，如何延长草莓果实的贮藏期或货架寿命，是生产中亟待解决的问题。

本实验根据从昌平区草莓种植园种植的有代表性的品种中取了15个草莓品种，测定其总糖、总酸、维生素C、糖组分含量，并且选取其中9个品种，在室温和冷藏2个处理下，进行了保鲜期内总糖、总酸含量的测定，记录保鲜时间。为草莓种植基地生产及采后保鲜提供可参考的依据。

# 1 材料与方法

## 1.1 供试材料

从昌平区选取3个草莓种植园2013年引进的国内外14个草莓品种，对照品种是昌平区的草莓种植当家品种红颜(表1)。

表1 草莓品种及园区

| 编号 | 种植园区 | 品种名称 | 品种类别 |
|---|---|---|---|
| 1 | 北京万德园农业科技发展有限公司(下文简称：万德园) | 御用 | 日韩系品种 |
| 2 | 北京万德园农业科技发展有限公司(下文简称：万德园) | 隋珠 | 日韩系品种 |
| 3 | 拉森峡谷农业发展(北京)有限责任公司(下文简称：拉森) | 1D12 | 欧美系品种 |
| 4 | 北京天润园草莓专业合作社(下文简称：天润园) | 红颜 | 日韩系品种 |
| 5 | 北京万德园农业科技发展有限公司(下文简称：万德园) | 衣紫 | 日韩系品种 |
| 6 | 拉森峡谷农业发展(北京)有限责任公司(下文简称：拉森) | 斯坦勒 | 欧美系品种 |
| 7 | 拉森峡谷农业发展(北京)有限责任公司(下文简称：拉森) | 1D18 | 欧美系品种 |
| 8 | 北京天润园草莓专业合作社(下文简称：天润园) | 莫哈维 | 欧美系品种 |
| 9 | 北京万德园农业科技发展有限公司(下文简称：万德园) | 点雪 | 日韩系品种 |
| 10 | 北京天润园草莓专业合作社(下文简称：天润园) | 圣安德瑞斯 | 欧美系品种 |
| 11 | 北京天润园草莓专业合作社(下文简称：天润园) | 本妮西亚 | 欧美系品种 |
| 12 | 北京天润园草莓专业合作社(下文简称：天润园) | 桑坦 | 日韩系品种 |
| 13 | 北京天润园草莓专业合作社(下文简称：天润园) | 波特拉 | 欧美系品种 |
| 14 | 北京天润园草莓专业合作社(下文简称：天润园) | 阿尔比 | 欧美系品种 |
| 15 | 北京天润园草莓专业合作社(下文简称：天润园) | 蒙特瑞 | 欧美系品种 |

## 1.2 试验方法

在成熟期，摘取果形端正、成熟度适中的草莓果作为测定材料。同一天采收，每天每个草莓品种取2～3个果实，去掉叶炳，用研钵将果肉捣碎，搅拌均匀，测定总糖、维生素C、总酸；其中9个品种分别在室温(20℃)和冷藏(4℃)条件下保鲜，从第2天开始每天测定保鲜期内的总糖、总酸。同时分别从15个品种中取出3～5个果实，放入－18℃冰箱中冷冻，以测定不同品种的糖组分含量之用。

## 1.3 测定方法

### 1.3.1 总糖含量的测定

手持水果糖分检测仪见图1。

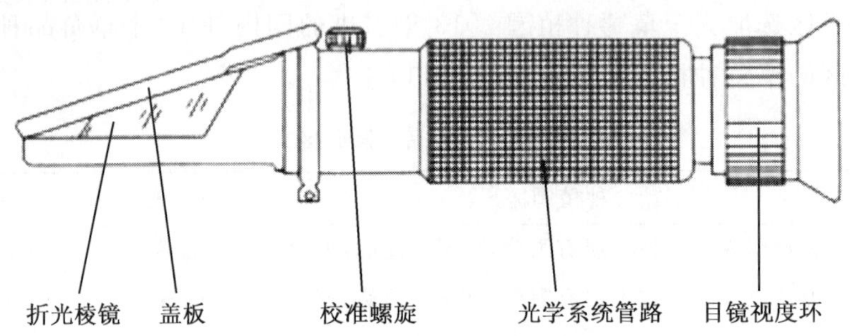


图1 手持水果糖分检测仪

手持水果糖分检测仪使用步骤如下。

(1)调节目镜视度环 将折光棱镜对准光亮方向,调节目镜视度环,直到标线清晰为止。

(2)调整基准 测定前首先使用标准液(有零刻度的为纯净水,量程起点不是零刻度的,得使用对应的标准液)、仪器及待测液体基于同一温度。掀开盖板,然后取2～3滴标准液滴于折光棱镜上,并用手轻轻按压平盖板,通过目镜看到一条蓝白分界线。旋转校准螺栓使目镜视场中的蓝白分界线与基准线重合(0)。

(3)测量 用柔软绒布擦净棱镜表面及盖板,掀开盖板,取2～3滴被测溶液滴于折光棱镜上,盖上盖板轻轻按压平,里面不要有气泡,然后通过目镜读取蓝白分界线的相对刻度,即为被测液体的含量(大都是百分比,0～10%盐度计为千分比与比重)。

### 1.3.2 总酸含量的测定

采用酸碱滴定法测定草莓总酸。

(1)NaOH标准溶液的标定 称取基准物邻苯二甲酸氢钾0.38～0.42 g,加蒸馏水50 mL振摇。加酚酞数滴,用待标定的NaOH标准溶液滴定至溶液呈浅红色30 s不褪色。记录NaOH消耗量$V_1$,平行3次。

(2)试样处理 取捣碎并混匀的草莓匀浆,准确称取5 g样品,加100 mL蒸馏水,稀释定容为250 mL溶液。然后倒入到烧杯中在75～80℃的水浴上加热30 min。冷却后过滤,滤液倒入容量瓶中备用。

(3)滴定　准确吸取 20 mL 滤液于锥形瓶中，加 20 mL 水溶解。加 2 滴酚酞指示剂，用 NaOH 标准溶液滴定至微红色 30 s 不褪色。记录 NaOH 消耗量 $V_2$，平行 2 次。

(4)结果计算　NaOH 标准溶液的标定公式为：

$$c=m\times 1\,000/(V\times 204.2)$$

总酸度的测定公式为：

$$P=c\times V_2\times k\times F\times 1\,000/m$$

式中：$c$ 为 NaOH 标准溶液的浓度，$V_2$ 为消耗 NaOH 的体积，$F$ 为试样的稀释倍，$m$ 为试样质量或体积，$k$ 为换算为主要酸的系数。

### 1.3.3　维生素 C 含量的测定

采用 2,4-二硝基苯肼方法测定草莓维生素 C 含量。

(1)维生素 C 标准液的制备　精确称取 20 mg 维生素 C，溶解在 1%的草酸中，稀释至 100 mL，取 5 mL，用 1%的草酸稀释到 100 mL(此标准使用液每毫升含 10 μg 维生素 C)。

(2)标准曲线的绘制　分别吸取维生素 C 标准液 10 mL、20 mL、30 mL、40 mL、50 mL 稀释定容到 50 mL。(每毫升标准液分别含 2 μg、4 μg、6 μg、8 μg、10 μg 维生素 C)分别取 2 mL 标准液于 5 个试管中，加入 85%硫酸 1 滴、2,4-二硝基苯肼 0.5 mL；空白管中加 1%草酸 2 mL，85%硫酸 1 滴、2,4-二硝基苯肼 0.5 mL。37℃保温 3 h，取出后在冰浴中缓慢加入 85%的硫酸 2 mL，放置 30 min 后，立即于 540 nm 波长条件下测光密度，绘制标准曲线。

(3)样品的处理　称取 10 g 草莓匀浆，加入 10 mL 2%草酸，用 1%草酸稀释至 100 mL，摇匀过滤，取滤液 10 mL 加 1%草酸 10 mL 于锥形瓶中。取此液 2 mL 分别于样品管(2 只)和空白管中，各加 85%的硫酸 1 滴，于样品管中加入 2.4-二硝基苯肼 0.5 mL，空白管不加。加盖 37℃保温 3 h，取出后冰浴，缓慢加入 85%硫酸 2 mL，在室温下冷却 30 min 后，立即在 540 nm 测光密度。

### 1.3.4　糖组分测定

采用高效液相色谱法测定草莓中糖组分含量。

(1)样品处理　取出冷冻的草莓进行切割，用液氮研磨成粉末，称量粉末 0.5 g，加入 10 mL 80%乙醇，80℃水浴 3 min，离心，取上清液备用。残渣中继续加入 10 mL 80%乙醇 80℃水浴 20 min，离心，取上清备用。重复 1 次。最后得到 3 次离心后的上清液，合并，沸水蒸干，20 mL 超纯水洗涤 2 次定容至 50 mL 容量瓶。取 2 mL 过 LC-18 固相萃取柱子，弃去最初 1 mL，收集后面 1 mL。滤液过

0.45 μm 滤膜,提取液备用。

(2)上机　使用高效液相色谱仪测定,6 mm×250 nm 的糖柱,流动相为超纯水,示差折光检测器,进样量为 5 μm,检测时间为 25 min。

# 2　结果与分析

## 2.1　不同草莓品种品质性状分析

### 2.1.1　不同草莓品种维生素 C 含量比较

从表 2 可以看出,御用品种的维生素 C 含量最高,达到每 100 g 95.39 mg,其次为隋珠、1D12,含量分别为每 100 g 91.04 mg、85.58 mg,蒙特瑞含量最低,为每 100 g 10.38 mg。

根据表 2 中各品种的维生素 C 含量,可把参试品种分为 4 组,维生素 C 含量在每 100 g 80 mg 以上的有 3 个品种,分别是御用、隋珠、1D12;维生素 C 含量为每 100 g 50～80 mg 的有 4 个品种,分别是红颜、衣紫、斯坦勒、1D18;维生素 C 含量为每 100 g 30～50 mg 的有 5 个品种,分别是莫哈维、点雪、圣安德瑞斯、本妮西亚、桑坦;维生素 C 含量为每 100 g 10～30 mg 的有 3 个品种,分别是波特拉、阿尔比、蒙特瑞。

**表 2　不同草莓品种品质性状**

| 品种 | 种植园 | 每 100 g 维生素 C 含量/mg | | | 总酸/(g/L) | | | 总糖/% | | |
|---|---|---|---|---|---|---|---|---|---|---|
| | | 均值 | 5% | 1% | 均值 | 5% | 1% | 均值 | 5% | 1% |
| 御用 | 万德园 | 95.39 | a | A | 1.14 | fg | GH | 9.5 | b | B |
| 隋珠 | 万德园 | 91.04 | a | AB | 0.98 | h | H | 9.0 | c | C |
| 1D12 | 拉森 | 85.58 | ab | AB | 1.40 | d | CDE | 5.0 | i | H |
| 红颜 | 天润园 | 74.66 | bc | BC | 1.69 | ab | AB | 10.0 | a | A |
| 衣紫 | 万德园 | 65.49 | cd | CD | 1.36 | de | DEF | 7.5 | d | D |
| 斯坦勒 | 拉森 | 55.58 | de | DE | 1.53 | c | BCD | 4.8 | j | H |
| 1D18 | 拉森 | 51.07 | e | DEF | 1.26 | ef | EFG | 5.0 | i | H |
| 莫哈维 | 天润园 | 48.59 | ef | DEFG | 1.57 | bc | ABC | 6.0 | g | F |
| 点雪 | 万德园 | 37.88 | fg | EFG | 1.09 | gh | GH | 7.0 | f | E |
| 圣安德瑞斯 | 天润园 | 35.22 | g | FG | 1.72 | a | A | 7.0 | f | E |
| 本妮西亚 | 天润园 | 35.12 | g | FG | 1.24 | ef | EFG | 7.0 | f | E |

续表 2

| 品种 | 种植园 | 每 100 g 维生素 C 含量/mg | | | 总酸/(g/L) | | | 总糖/% | | |
|---|---|---|---|---|---|---|---|---|---|---|
| | | 均值 | 5% | 1% | 均值 | 5% | 1% | 均值 | 5% | 1% |
| 桑坦 | 天润园 | 30.30 | g | G | 1.13 | fg | GH | 7.2 | e | E |
| 波特拉 | 天润园 | 12.17 | h | H | 1.39 | d | CDEF | 4.0 | k | I |
| 阿尔比 | 天润园 | 11.06 | h | H | 1.55 | c | ABC | 6.0 | g | F |
| 蒙特瑞 | 天润园 | 10.38 | h | H | 1.21 | fg | FG | 5.5 | h | G |
| 平均值 | | 49.30 | | | 1.35 | | | 6.7 | | |
| 标准差 | | 28.51 | | | 0.23 | | | 1.78 | | |
| 变异系数(CV)/% | | 57.82 | | | 16.79 | | | 26.54 | | |

由表 2 可知,在 15 个供试品种中,从方差分析表明,御用、隋珠、1D12 等 3 个品种的维生素 C 含量间无显著差异;3 个品种与其他品种间存在显著性差异和极显著性差异。由此可知,御用、隋珠、1D12 3 个品种的维生素 C 含量是参试品种中最高的。

### 2.1.2 不同草莓品种总酸含量比较

由表 2 可知,参试草莓品种的总酸含量为 0.98～1.72 g/L。其中圣安德瑞斯品种的总酸含量最高;其次为红颜(天润园),含量为 1.69 g/L;隋珠的含量最低,与圣安德瑞斯相差 0.94 g/L。

方差分析表明,不同草莓品种果实的总酸含量表现出显著差异。总酸含量为 1.60 g/L 以上的品种有圣安德瑞斯和红颜(天润园),无显著差异;总酸含量为 1.50～1.60 g/L 的品种有莫哈维、阿尔比、斯坦勒,差异不显著;总酸含量为 1.20～1.4 g/L 的品种有 1D12、波特拉、衣紫、1D18、本妮西亚、蒙特瑞,5 个品种之间无极显著差异;总酸含量在 1.20 g/L 以下的品种有御用、桑坦、点雪、隋珠,4 个品种间无极显著差异。

由以上分析表明,以总酸含量为标准,把参试品种分为 4 组:一是总酸含量为 1.60 g/L 以上的有 2 个品种;二是总酸含量为 1.50～1.60 g/L 的有 3 个品种;三是总酸含量为 1.20～1.40 g/L 的 6 个品种;四是总酸含量在 1.20 g/L 以下的有 4 个品种。

### 2.1.3 不同草莓品种总糖含量的比较

从表 2 可以看出,草莓的总糖含量为 4.0%～10.0%。红颜(天润园)的总糖含量最高，其次为御用、隋珠，含量分别为 9.5%、9.0%，波特拉的含量最低，与红颜(天润园)相差达 6%。

不同草莓品种果实的总糖含量表现出显著差异。总糖含量为 9.0%以上的品种有红颜、御用、隋珠，3 个品种间差异极显著；总糖含量为 7%～7.5%有 5 个品种，分别为衣紫、桑坦、圣安德瑞斯、点雪、本妮西亚，衣紫与另外 4 个品种之间差异极显著，另外 4 个品种间无极显著差异，桑坦与其他 3 个品种间有显著性差异；总糖含量为 5.0%～6.0%的品种有莫哈维、阿尔比、蒙特瑞、1D12、1D18；在 5%以下的品种有斯坦勒、波特拉，含量分别为 4.8%、4.0%。

由以上分析表明，总糖含量高低可分为 4 组：一是含量为 9.0%以上的品种，有 3 个；二是含量为 7%～7.5%的品种，有 5 个；三是含量为 5.0%～6.0%的品种，有 5 个；四是含量为 5%以下的品种，有 2 个。

#### 2.1.4 不同草莓品种果实糖组分比较

在冷冻情况下，糖组分变化很小。不同草莓品种果实的糖组分测定结果见表 3。结果显示，草莓含有蔗糖、葡萄糖、果糖和多糖等糖组分，参试品种中以多糖含量(18.48～35.61 mg/g)最高的品种占 47%，变异系数 20.86%；其次是蔗糖含量(13.78～27.40 mg/g)，占 28%，其变异系数(CV，%)最高，为 28.07%。

**表 3 不同草莓品种果实糖组分及含量** mg/g

| 品种名称 | 多糖 | 蔗糖 | 葡萄糖 | 果糖 | 总含量 |
|---|---|---|---|---|---|
| 御用 | 19.08 | 16.65 | 23.18 | 27.28 | 86.19 |
| 衣紫 | 21.75 | 19.87 | 21.40 | 25.13 | 88.15 |
| 隋珠 | 18.76 | 24.19 | 24.01 | 25.98 | 92.94 |
| 点雪 | 20.45 | 26.79 | 21.31 | 23.13 | 91.67 |
| 本妮西亚 | 24.03 | 25.97 | 18.70 | 20.74 | 89.43 |
| 莫哈维 | 26.94 | 13.78 | 21.39 | 25.77 | 87.87 |
| 波特拉 | 35.61 | 14.37 | 17.99 | 21.05 | 89.02 |
| 蒙特瑞 | 27.37 | 11.67 | 23.48 | 28.74 | 91.27 |
| 桑坦 | 22.08 | 25.90 | 21.62 | 21.67 | 91.26 |
| 阿尔比 | 31.26 | 17.12 | 20.77 | 23.33 | 92.48 |
| 圣安德瑞斯 | 29.88 | 17.47 | 19.97 | 23.68 | 90.99 |
| 红颜 | 18.48 | 27.40 | 21.41 | 23.18 | 90.47 |

续表 3

| 品种名称 | 多糖 | 蔗糖 | 葡萄糖 | 果糖 | 总含量 |
|---|---|---|---|---|---|
| 1D18 | 30.49 | 14.47 | 21.09 | 25.22 | 91.27 |
| 1D12 | 28.77 | 14.34 | 21.38 | 24.44 | 88.93 |
| 斯坦勒 | 29.39 | 19.23 | 17.81 | 22.88 | 89.30 |
| 标准差 | 5.34 | 5.41 | 1.83 | 2.25 | 1.87 |
| 平均值 | 25.62 | 19.28 | 21.03 | 24.15 | 90.08 |
| 变异系数(CV)/% | 20.86 | 28.07 | 8.68 | 9.33 | 2.07 |

从平均值来看,多糖含量最高,为 25.62 mg/g,其次是果糖含量为 24.15 mg/g,蔗糖含量的平均值最低为 19.28 mg/g。

所有品种中蔗糖含量最高的是红颜,为 27.40 mg/g,点雪的蔗糖含量次之,为 26.79 mg/g,含量最低的是蒙特瑞,为 11.67 mg/g;葡萄糖含量最高的是隋珠,为 24.01 mg/g,其次是蒙特瑞,为 23.48 mg/g,含量最低的是斯坦勒,为 17.81 mg/g;果糖含量最高的是蒙特瑞,为 28.74 mg/g,其次是御用,为 27.28 mg/g,含量最低的是本妮西亚,为 20.74 mg/g;多糖含量最高的是波特拉,为 35.61 mg/g,其次是阿尔比,为 31.26 mg/g,含量最低的是红颜,18.48 mg/g。

从糖类总含量来看,以隋珠含量最高,为 92.94 mg/g;阿尔比居其次,为 92.48 mg/g;御用最低,为 86.19 mg/g。

品种内比较,当蔗糖、葡萄糖、果糖和多糖中有一种或几种糖含量较高时,其余的糖分含量就会偏低。蒙特瑞品种的果糖和葡萄糖含量在 15 个品种中较高,但该品种所含蔗糖含量则最低。又如红颜品种的蔗糖含量最高,多糖含量却最低。

### 2.1.5 不同种植园草莓果实的维生素 C、总酸含量的比较

如表 4 所示,天润园种植园的红颜比天翼种植园的红颜的维生素 C 含量高,为每 100 g 74.66 mg,无显著差异;总酸含量分别为 1.68 g/L、1.77 g/L,无显著差异。

拉森种植园与天润园种植园比较,圣安德瑞斯的维生素 C 含量分别为每 100 g 89.77 mg、35.22 mg,达极显著差异;总酸含量分别为 2.34 g/L、1.72 g/L,达显著差异。阿尔比的维生素 C 含量分别为每 100 g 11.10 mg、11.06 mg,无显著差异;总酸含量分别为 1.84 g/L、1.55 g/L,无显著差异。

**表 4　不同种植基地草莓果实的维生素 C、总酸含量**

| 品种 | 种植园 | 每 100 g 中维生素 C 含量/mg | | | | | 总酸含量/(g/L) | | | | |
|---|---|---|---|---|---|---|---|---|---|---|---|
| | | Ⅰ | Ⅱ | 均值 | 5% | 1% | Ⅰ | Ⅱ | 均值 | 5% | 1% |
| 红颜 | 天翼 | 68.13 | 67.37 | 67.75 | a | A | 1.77 | 1.77 | 1.77 | a | A |
| 红颜 | 天润园 | 69.65 | 79.67 | 74.66 | a | A | 1.62 | 1.75 | 1.68 | a | A |
| 圣安德瑞斯 | 拉森 | 92.78 | 86.76 | 89.77 | a | A | 2.40 | 2.27 | 2.34 | a | A |
| 圣安德瑞斯 | 天润园 | 39.33 | 31.12 | 35.22 | b | B | 1.69 | 1.75 | 1.72 | b | A |
| 阿尔比 | 拉森 | 12.85 | 9.35 | 11.10 | a | A | 1.78 | 1.90 | 1.84 | a | A |
| 阿尔比 | 天润园 | 13.57 | 8.55 | 11.06 | a | A | 1.55 | 1.55 | 1.55 | b | A |

### 2.1.6　不同草莓果实的总糖与总酸含量比分析

糖酸比，果实和果汁类的总糖（一般以糖度折射计的示度表示）除以总酸而求得的数值。从表 5 可知，糖酸比的范围为 1.93～10.67。御用的糖酸比最高，为 10.67；隋珠居其次，为 8.37；波特拉最低，为 1.93。

**表 5　不同草莓品种的糖酸比**

| 品种 | 总糖/% | 总酸/(g/L) | 糖酸比 |
|---|---|---|---|
| 御用 | 8.0 | 0.75 | 10.67 |
| 隋珠 | 8.0 | 0.96 | 8.37 |
| 红颜 | 11.0 | 1.44 | 7.62 |
| 本妮西亚 | 8.5 | 1.41 | 6.05 |
| 桑坦 | 6.0 | 0.99 | 6.05 |
| 衣紫 | 8.5 | 1.59 | 5.35 |
| 1D18 | 4.8 | 0.94 | 5.08 |
| 阿尔比 | 8.0 | 1.59 | 5.04 |
| 莫哈维 | 6.0 | 1.22 | 4.91 |
| 点雪 | 7.8 | 1.65 | 4.72 |
| 蒙特瑞 | 6.0 | 1.41 | 4.27 |
| 1D12 | 5.5 | 1.34 | 4.11 |
| 圣安德瑞斯 | 6.0 | 1.50 | 3.99 |
| 斯坦勒 | 6.0 | 1.55 | 3.88 |
| 波特拉 | 4.0 | 2.07 | 1.93 |

## 2.2 草莓保鲜期品质性状的变化

### 2.2.1 不同草莓品种保鲜期的比较

草莓是一种非呼吸跃变型果实，采收后没有后熟，只有充分成熟后采收风味、品质才好[7]。由表6可见，御用、衣紫、隋珠、点雪、红颜5个草莓品种的原产地都是日本，其他草莓品种的原产地均为欧美地区。在果肉颜色方面，御用、隋珠2个品种的果肉颜色为白色，切开后如珍珠般润白，带有丝丝浓郁香气；斯坦勒、本妮西亚2个品种的果肉颜色都为鲜红色，色泽上更为诱人，其他品种的果肉颜色均为粉红色。

**表6 不同草莓品种不同处理的耐储性比较**

| 品种名称 | 原产地 | 种植园 | 风味 | 果肉颜色 | 耐储性/d | |
|---|---|---|---|---|---|---|
| | | | | | 室温(20℃) | 冷藏(4℃) |
| 御用 | 日本 | 万德园 | 甜 | 白色 | 3 | 8 |
| 衣紫 | 日本 | 万德园 | 甜 | 粉红 | 3 | 7 |
| 隋珠 | 日本 | 万德园 | 甜 | 白色 | 3 | 8 |
| 点雪 | 日本 | 万德园 | 甜 | 粉红 | 4 | 7 |
| 1D18 | 欧美 | 拉森 | 酸甜 | 粉红 | 3 | 8 |
| 1D12 | 欧美 | 拉森 | 酸甜 | 粉红 | 4 | 8 |
| 斯坦勒 | 欧美 | 拉森 | 甜 | 鲜红 | 4 | 8 |
| 本妮西亚 | 欧美 | 天润园 | 酸甜 | 鲜红 | 2 | 7 |
| 莫哈维 | 欧美 | 天润园 | 酸甜 | 粉红 | 5 | 8 |
| 波特拉 | 欧美 | 天润园 | 酸甜 | 粉红 | 4 | 8 |
| 蒙特瑞 | 欧美 | 天润园 | 酸甜 | 粉红 | 5 | 8 |
| 桑坦 | 欧美 | 天润园 | 甜 | 粉红 | 4 | 10 |
| 阿尔比 | 欧美 | 拉森 | 酸甜 | 粉红 | 4 | 8 |
| 阿尔比 | 欧美 | 天润园 | 酸甜 | 粉红 | 5 | 9 |
| 圣安德瑞斯 | 欧美 | 拉森 | 酸甜 | 粉红 | 4 | 8 |
| 圣安德瑞斯 | 欧美 | 天润园 | 酸甜 | 粉红 | 6 | 8 |
| 红颜 | 日本 | 天翼 | 甜 | 粉红 | 2 | 8 |
| 红颜 | 日本 | 天润园 | 甜 | 粉红 | 4 | 10 |

在保鲜期上，草莓在室温条件下可保存为2～6 d，冷藏条件下可保存为7～10 d，冷藏保鲜期明显高于室温。在室温条件下天润园的圣安德瑞斯的保鲜时间最长，为6 d；红颜（天翼）、本妮西亚的保鲜时间最短，为2 d。冷藏条件下，红颜（天润园）和桑坦保鲜时间为10 d，为保鲜最长的品种；其他品种为7～9 d。相同草莓品种不同种植园种植采收后保鲜期也不同，天润园种植园比拉森、天翼种植园的保鲜期要长，室温、冷藏条件下的保鲜时间均大于拉森、天翼种植园。这可能与不同种植园的栽培管理条件不同有关。

### 2.2.2 保鲜期总糖含量的变化

草莓中还原糖含量的多少影响着果实的品质和口感。本试验测定了草莓室温下前3 d、冷藏下前7 d的总糖含量。

由图2可见，室温条件下，多数品种的总糖含量变化不明显。从总量分析，保鲜2 d时，总糖含量有上升的趋势，保鲜3 d的总糖含量低于鲜果的含量。冷藏下衣紫、点雪、波特拉3个品种表现出明显的先升高后降低趋势（图3），这与李和生等[8]的研究相一致。草莓保鲜初期，果实内的总糖含量上升，但随着保鲜时间的延长，总糖含量逐渐下降。这是因为在保鲜过程中，一方面高分子碳水化合物的水解使总糖含量上升，另一方面呼吸作用的不断进行也在不断地消耗低分子糖，综合作用的结果使得总糖在保鲜初期含量上升，随后又趋于下降[2]。

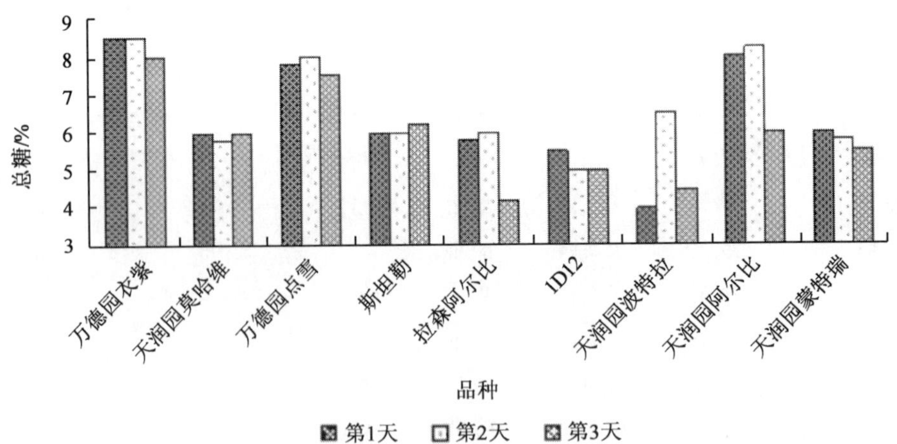


图2　室温条件下草莓总糖随时间变化图

温度可以在很大程度上影响草莓果实的保鲜。低温可延缓草莓的新陈代谢，降低营养损失等。因此，在草莓采摘后的预冷和贮运中，应用低温可以较好地保持

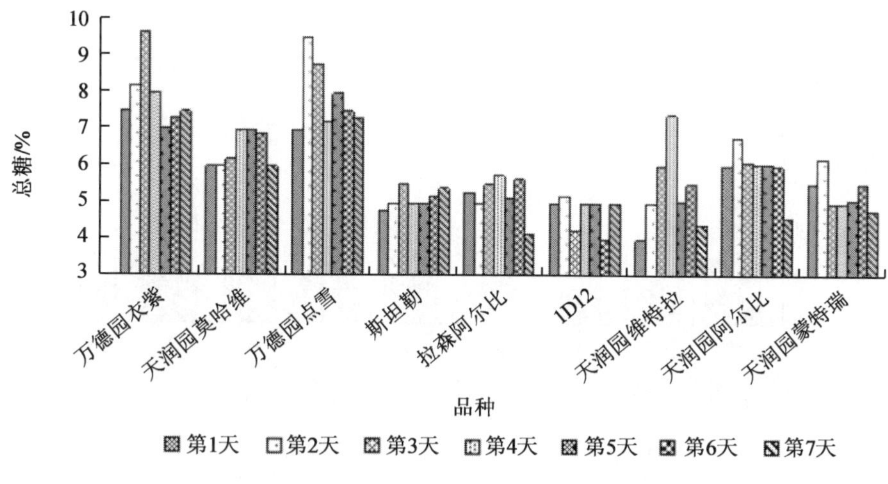


图 3　冷藏条件下草莓总糖随时间变化图

其品质。储藏草莓的适宜温度是 0℃[9,10]。草莓控温在冰点以上进行冰温贮藏比普通的冷藏效果要好[11]。

#### 2.2.3　保鲜期总酸含量的变化

总酸含量是决定果蔬风味的一个重要因素。草莓中的总酸主要以有机酸为主，有机酸的种类较多，有苹果酸、酒石酸、柠檬酸等。草莓在青果时期酸度最大，草莓采后，随着其成熟度增加，其酸度逐渐下降，品质也下降。草莓中含有大量的有机酸，在储藏过程中，一部分用作呼吸底物被消耗，另一部分在体内被转化为糖分[2,3]。

如图 4 所示，室温下，点雪的总酸含量从 1.65 g/L 降至 1.07 g/L，降低了 35%。波特拉总酸含量高于其他 8 个品种，室温保鲜过程中，总酸含量从 2.07 g/L 降至 1.68 g/L，降低了 18%。莫哈维、1D12、蒙特瑞 3 个品种，在储存期内变化很小，第 1 天与第 3 天的差值仅为 0.03、−0.05、0.12。

由图 5 可知，冷藏下，随着保鲜时间的延长，草莓的总酸含量变化没有规律性。

## 3　结论与讨论

不同草莓品种果实的品质性状表现出明显差异。御用、隋珠的维生素 C 含量、总糖含量显著高于其他品种，但总酸含量显著低于其他品种，隋珠的总酸含量显著低于御用，仅为 0.975 g/L，御用品种的果肉颜色如珍珠般润白，带有丝丝浓郁香气。波特拉、阿尔比、蒙特瑞 3 个品种维生素 C 含量较低，且品种间无显著性差异。圣安德瑞斯这个品种的总酸含量显著高于其他品种，但维生素 C 含量和总

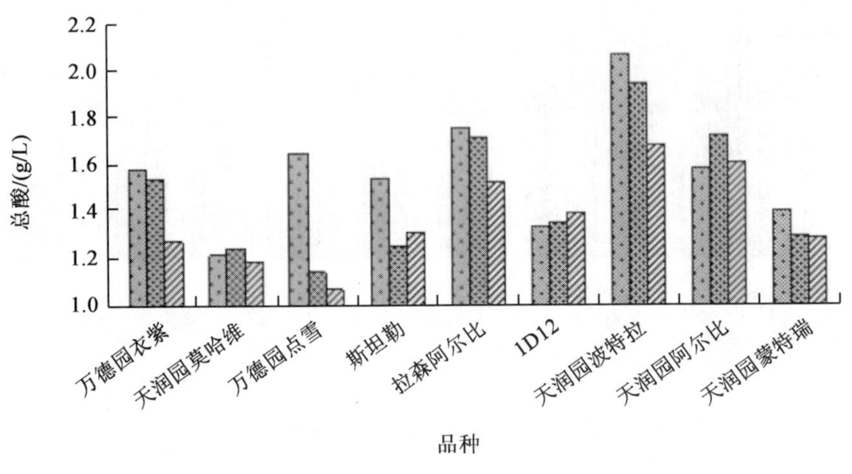


图 4　室温条件下草莓总酸含量随时间变化图

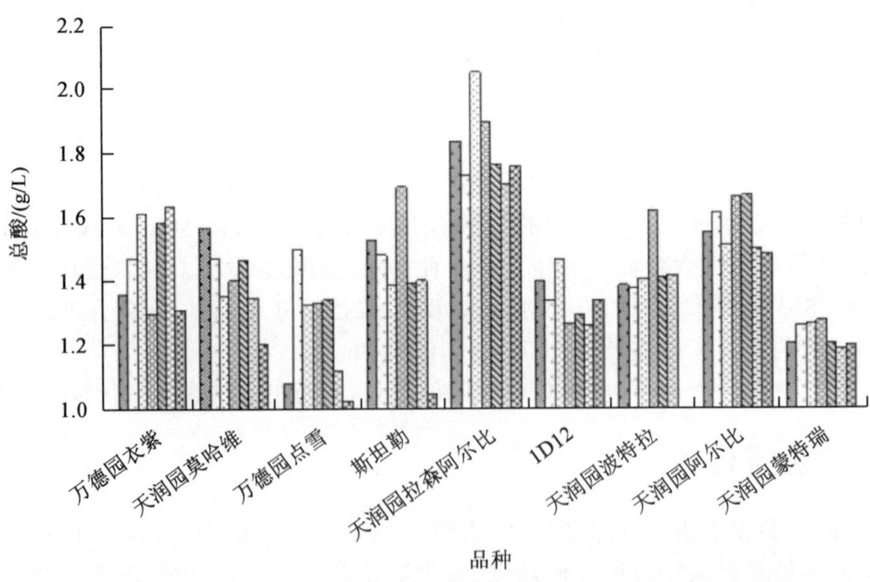


图 5　冷藏条件下草莓总酸含量随时间变化图

糖含量居于中间。室温条件下圣安德瑞斯的保鲜时间最长，为 6 d，该品种总酸含量较高，草莓的品质较好，口感风味较适宜大多数人口味。红颜这个品种的维生素 C、总酸、总糖含量均较高，综合品质较好，比较受人们喜欢。蒙特瑞品种的品质性状较差。血糖含量高的人不适合食用糖酸比高的草莓。从表 4 可知，御用、隋珠、红颜等品种不适合血糖高的人食用。

相同品种不同种植园的草莓品质性状差异显著。由表 3 可看出，在不同种植园种植的红颜、阿尔比 2 个品种的维生素 C、总酸含量无显著差异，说明这 2 个品种适应性好，不易受环境影响。然而圣安德瑞斯这个品种在不同种植园种植测得的维生素 C、总酸含量有显著差异，说明该品种的品质性状受环境影响较大，适应性较差。

在保鲜期上，室温条件下保存时间为 2～6 d，冷藏条件下保存时间为 7～10 d，冷藏明显高于室温，大幅度延长了草莓的食用时间。冷藏条件下，保鲜最长的品种是红颜（天润园）和桑坦，保鲜时间为 10 d；大部分品种都为 8～9 d。相同草莓品种，天润园比拉森、天翼种植园的耐储性要好，室温、冷藏条件下的保鲜时间均大于拉森、天翼种植园。这可能与种植园的栽培管理等不同有关。

糖组分测定中，草莓中含有蔗糖、葡萄糖、果糖和多糖等糖组分，从平均值来看，多糖含量最高，为 25.62 mg/g；其次是果糖含量，为 24.15 mg/g；蔗糖含量的平均值最低，为 19.28 mg/g。蔗糖含量最高的是红颜，为 27.40 mg/g；葡萄糖含量最高的是隋珠，为 24.01 mg/g；果糖含量最高的是蒙特瑞，为 28.74 mg/g；多糖含量最高的是波特拉，为 35.61 mg/g。当蔗糖、葡萄糖、果糖和多糖中有一种或几种糖含量较高时，其余的糖分含量就会偏低。蒙特瑞品种的果糖和葡萄糖含量在 15 个品种中较高，但该品种所含蔗糖含量则最低。又如红颜品种的蔗糖含量最高，多糖含量却最低。

冷藏（4℃）能有效减缓草莓的营养物质损失。保鲜期内，草莓的总糖含量变化为先增高后降低，总酸含量变化随着保鲜时间的延长而不断降低。

## 参考文献

[1] 陈美蓉，高怀春. 大棚草莓栽培田. 北方园艺，1999(3)：72.

[2] 杨佳. 草莓采后生理生化特性的研究. 管产学研助推食品安全重庆高峰论坛——2011 年中国农业工程学会农产品加工及贮藏工程分会学术年会暨全国食品科学与工程博士生学术论坛论文集，2011：354-357.

[3] 陈学红，贺菊萍. 草莓采后生理和品质变化及保鲜技术. 河北农业学报，2008，12(9)：19-22.

[4] 张志旭，草莓采后贮藏与保鲜. 食品工业，1998(4)：40-42.

[5] Barnes M F, Patchett B J. Cell wall degrading enzymes and the softening of senescent strawberry fruit. Food Science, 1976: 1392-1395.

[6] 乔勇进. 草莓采后处理及贮藏保鲜的研究进展. 上海农业学报, 2007, 23(1): 109-113.

[7] 杨文雄, 方政, 等. 草莓贮藏保鲜技术. 中国食品添加剂, 2006(2): 137-143.

[8] 李和生, 王鸿飞. 过氧乙酸对草莓贮藏保鲜效果的初步研究闭. 江苏农业科学, 2002(1): 60-61.

[9] Giovamn CCIE. Epidemiologic studies of folate and colorectal neoplasia——a review. Nutr, 2002, 132(8Supp1): 2350S-2355S.

[10] Fang J Y, Xiao S D. Alteration of DNA methylation in gas-trointestinal carcinogenesis. Castroenterol Hepatol, 2001, 16(9): 960-968.

[11] 张喜才, 谢晶, 等. 草莓的保鲜现状研究. 农产品加工·学刊, 2006(5): 36-39.

# 昌平区草莓种植土壤极高养分分级标准探讨

张雪姣[1]　张卫东[2]　沈　兰[1]　秦　岭[2]　尤淑萍[2]

(1.北京市昌平区土肥站,北京,102200;
2.北京市昌平区农业技术推广中心,北京,102200)

**摘　要:**随着昌平区草莓产业的快速发展,昌平区草莓种植区土壤地力已经由低肥力水平演变成高肥力水平。本文根据近4年来草莓土壤样品测试结果,参考北京市土肥站提出的《菜田土壤肥力分级标准》,对土壤养分达到极高水平的部分进行进一步分级,以便于准确描述昌平区草莓土壤养分状况,细化出不同水平极高土壤施肥管理建议,为确定不同草莓土壤田间管理方案提供理论依据。

**关键词:**草莓,极高,分级

草莓适应性强,栽培容易,结果早,成熟早,投资少,见效快,经济效益远远高于蔬菜作物,是提高农民经济收入的一种重要园艺作物。据统计,2006年我国草莓栽培面积达7.93万$hm^2$,产量约187.6万t,均居世界首位[1]。近年来昌平区不断加强与国内外企业及科研单位的合作,在草莓种苗繁育、土壤处理、病虫害防治、抑制连作障碍、标准化管理等方面形成了明显的科技优势。为了追求高效益,农民重视程度高,在生产资料的投入上也较普通菜地高很多,因而造成肥、水、药资源大量浪费。同时,耕地质量退化、农产品质量下降的现象也日趋严重。因此,结合昌平区草莓土壤肥力状况,科学指导草莓田间管理显得极为重要。

## 1　昌平区草莓产业状况概述

昌平区农民合作组织多,生产基地多,辐射带动能力强,目前有近3 500个农户从事草莓栽培[2]。通过在草莓生产核心区大力开展配方肥应用,建立配方肥示范区1 200亩。推广配方肥200 t,覆盖全区90%以上的草莓种植面积[3]。

### 1.1　肥料施用情况

昌平区草莓生产主要投入的有机肥种类为鸡粪、牛粪和猪粪,用于底肥施用;

底肥化肥主要施用种类有复合肥、硫酸钾、硝酸钾、磷酸二铵；追肥主要施用的肥料种类为圣诞树、金肥王、滴灌宝、三元复合肥、硫酸钾和硝酸钾。

调查发现，昌平区草莓有机肥施用主要以鸡粪为主，其次为牛粪，猪粪平均用量相对较少。具体投入情况详见表 1。

**表 1　草莓有机肥品种投入情况分析**

| 有机肥品种 | 平均用量/(kg/亩) | 所占比例/% |
|---|---|---|
| 鸡粪 | 2 227.3 | 40 |
| 牛粪 | 2 171.4 | 39 |
| 猪粪 | 1 200 | 21 |

注：亩≈667 $m^2$。

沈兰等[4]通过对昌平区草莓种植监测点施肥情况进行调查、汇总得出有机态肥料、无机态肥料和施肥总量中的氮、磷、钾养分平均投入量及范围，并计算出有机态与无机态肥料的养分投入比例(表 2、图 1)。从不同养分投入量看，氮肥施用量较多，明显高于磷、钾肥的投入量；从有机与无机态肥料投入量看，有机肥用量相对较多，有机态与无机态 N、$P_2O_5$、$K_2O$ 比例分别为 3.91 kg/亩、2.64 kg/亩和 2.76 kg/亩。从有机与无机态肥料各养分投入范围看，存在化肥投入量偏高的问题。在保证草莓产量每亩不低于 2 000 kg 的前提下，将养分投入总量与北京市农林研究所提出的每生产 1 000 kg 草莓需要吸收的养分量[5]对比，见表 3。结果表明，昌平区草莓肥料养分投入量已远远高于草莓生长需求养分量，存在养分过剩，肥料资源浪费的问题。

**表 2　草莓肥料养分投入量情况**

| 肥料类型 | | 养分投入量/(kg/亩) | | |
|---|---|---|---|---|
| | | N | $P_2O_5$ | $K_2O$ |
| 有机肥 | 平均 | 31.89 | 17.89 | 22.22 |
| | 范围 | 10.65～54.96 | 7.65～25.92 | 7.65～39.24 |
| 化肥 | 平均 | 8.15 | 6.77 | 8.06 |
| | 范围 | 0.8～22.3 | 0.56～19.68 | 0.64～20.8 |
| 总量 | 平均 | 40.04 | 24.66 | 30.28 |
| | 范围 | 21.34～61.11 | 10.4～28.67 | 16.65～45.39 |
| 有机态/无机态 | | 3.91 | 2.64 | 2.76 |

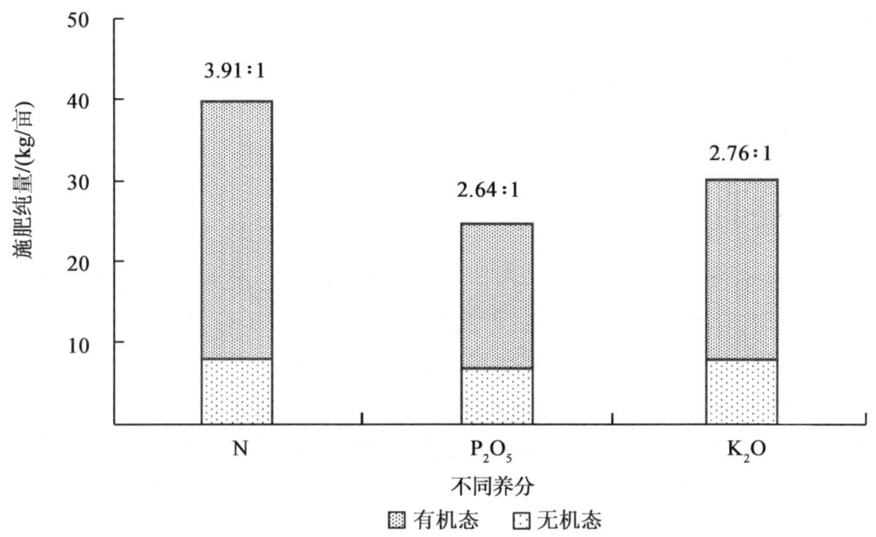


图 1 草莓有机肥与无机肥中不同养分比例情况

表 3 草莓肥料养分投入量与生长需求量对比 kg

| 项目 | N | $P_2O_5$ | $K_2O$ |
|---|---|---|---|
| 肥料投入总量 | 40.04 | 24.66 | 30.28 |
| 每 1 000 kg 草莓养分需求量 | 8.06 | 2.03 | 6.58 |

注:品种为红颜;密度为 8 600 株/亩;产量水平为 2 161.5 kg/亩(土壤栽培)。

## 1.2 土壤肥力评价现状

通过统计 2010 年以来 316 个昌平区草莓种植地块有效态养分测定结果发现,大多数地块测试结果已经远远高于北京市土肥站提出的《菜田土壤肥力分级标准》[6]的高肥力指标,见表 4。

表 4 近 4 年草莓棚养分到达极高水平的地块数量、比例

| 测试项目 | 极高水平值 | 达到极高水平地块数量 | 极高水平的地块所占比例/% |
|---|---|---|---|
| 有机质 | ≥4 g/kg | 176 | 99.4 |
| 碱解氮 | ≥120 mg/kg | 196 | 62.2 |
| 有效磷 | ≥130 mg/kg | 246 | 78.1 |
| 速效钾 | ≥160 mg/kg | 293 | 92.7 |

近4年草莓棚土壤测试值有机质、全氮量、碱解氮、有效磷、速效钾平均值分别为27.5 g/kg、1.6 g/kg、142.3 mg/kg、208.0 mg/kg、448.9 mg/kg，均处于高肥力水平。这说明，原地力分级指标已经无法准确描述目前昌平区的土壤肥力状况，无法因地制宜地指导昌平区草莓种植农户科学施肥。

## 2 养分过高的影响

由于草莓本身养分需求量大，产值又高，种植户唯恐肥料使用不足导致低产低收益，因此底肥施、叶肥施、代水施(不浇白水之说)[7]。还有把多种液肥、激素和农药一起混施、混喷，甚至在每个生育时期盲目地连续施用促花肥。但若不能因地力情况、作物生长情况平衡施肥，会造成各种养分比例失调，甚至土壤污染严重。如土壤养分本身足够植株吸收使用，那么过多施肥将造成氮中毒、盐害、药害，导致严重死苗、草莓生育进程推迟，生长生理紊乱开花多结果少。而实际上，近些年施用有机肥和化肥已经提高了昌平区草莓种植土壤肥力，土壤养分库存量增大，如再照搬以前较低肥力土壤的施肥和管理方式很可能将会过度施肥，直接造成土壤溶液浓度升高，导致死苗。有研究表明，即使是经处理过的有机肥，施用过量堆积在草莓根部，也是产生肥害的重要原因[8]。养分失衡将直接抑制植株生长，导致病害丛生，影响草莓品质。因此，应根据土壤养分状况酌情施肥，减少盲目性和不必要的投入。

## 3 划分极高养分分级标准的意义

许多农民误认为施肥越多，草莓产量越高，收益越大，从而造成土壤部分养分富集。并且，随着昌平区草莓产业不断壮大，土壤肥力水平逐年提升，原地力分级指标已经无法准确描述目前昌平区的土壤肥力状况，无法因地制宜地指导昌平区草莓种植农户科学施肥。划分昌平区草莓种植土壤极高养分分级指标的意义正在于结合昌平区实际，因地制宜，科学指导草莓种植管理，降低肥害，减少资源浪费，改善种植区土壤环境，从而优化资源配置。

## 4 材料与方法

供试数据为2010—2013年昌平区草莓种植土壤样品有机质及大量元素测定值，去除草莓定植前的无效数据，汇总出近4年来昌平区草莓土壤测定数据共316个。参照《北京市北京市土壤养分评价指标》统计出供试数据中超过极高数值的数据，按适当组距划分各养分指标，统计出个组距上数值分布情况，见表5。

表 5　土壤极高养分指标组距划分情况

| 养分指标 | 最小值/(g/kg) | 最大值/(g/kg) | 组距 |
|---|---|---|---|
| 有机质 | 8.52 | 63.80 | 4 |
| 碱解氮 | 120 | 281 | 10 |
| 有效磷 | 133 | 469 | 20 |
| 速效钾 | 160.00 | 1 484.97 | 50 |

依据表 5 所示的点位分布情况，各养分指标分别散点图，如图 2 所示。

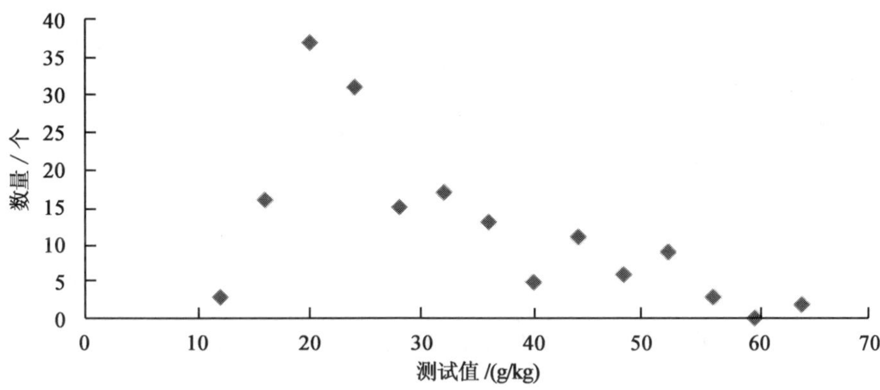


图 2　2010—2013 年极高土壤有机质测试值散点分布

由散点图可以看出，昌平区 2010—2013 年草莓种植土壤有机质测试值数量为 28～70 g/kg 分布较为均匀；结合折线图(图 3)发现，有机质测试值近似为 20 g/kg

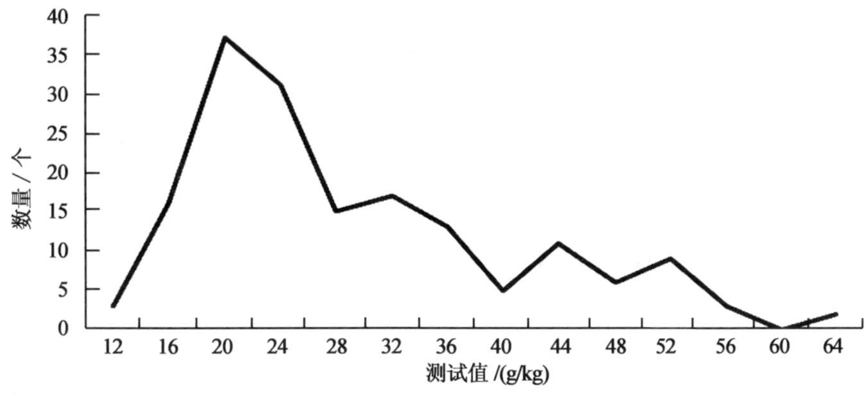


图 3　2010—2013 年极高土壤有机质测试值折线分布

分布最多达 37 个，当测试结果近似为 28 g/kg、40 g/kg 和 60 g/kg 时，测试值数量在整体变化趋势上骤减，将此视为分界点。

由图 4 和图 5 可以看出，土壤碱解氮测试值的分布情况，随着测试结果数值的增大，测试结果数量总体呈阶梯形减少趋势；测试结果近似为 130 g/kg 的数量最多达 38 个；当测试结果近似为 190 g/kg 时数量分布出现低峰；当测试结果大于 260 g/kg 时，测试值数量降为很低，故将此视为分界点。

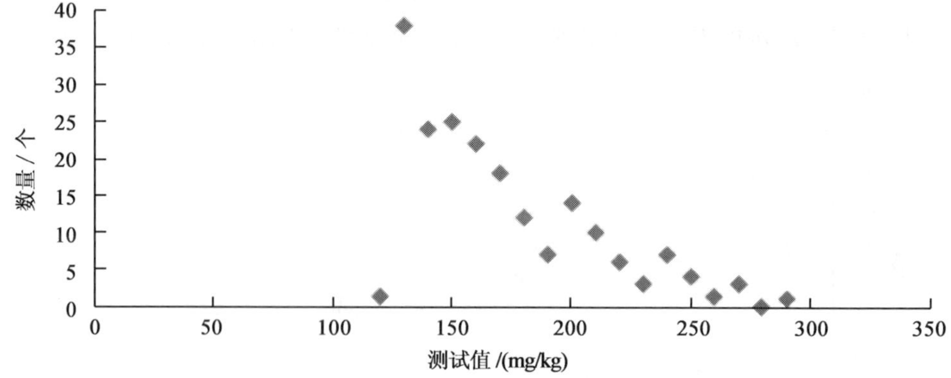


图 4　2010—2013 年极高土壤碱解氮测试值散点分布

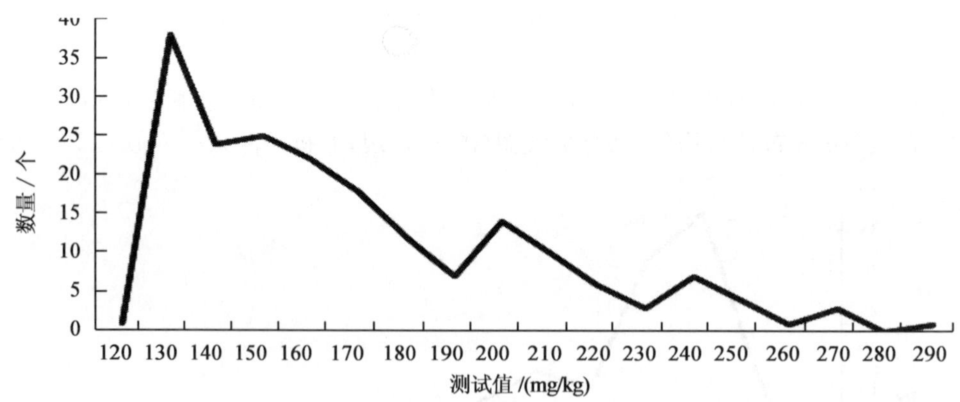


图 5　2010—2013 年极高土壤碱解氮测试值折线分布

昌平区 2010—2013 年草莓极高肥力土壤有效磷测试值的分布情况如图 6 和图 7 所示，可以看出有效磷近似为 190 mg/kg 的测试结果数量最多达 32 个；测试值在 350～470 mg/kg 范围内分布较为均匀；当测试结果近似为 270 mg/kg 时，测试值数量在整体变化趋势上锐减；测试结果大于 350 mg/kg 时，数量分布很少；故将此视为分界点。

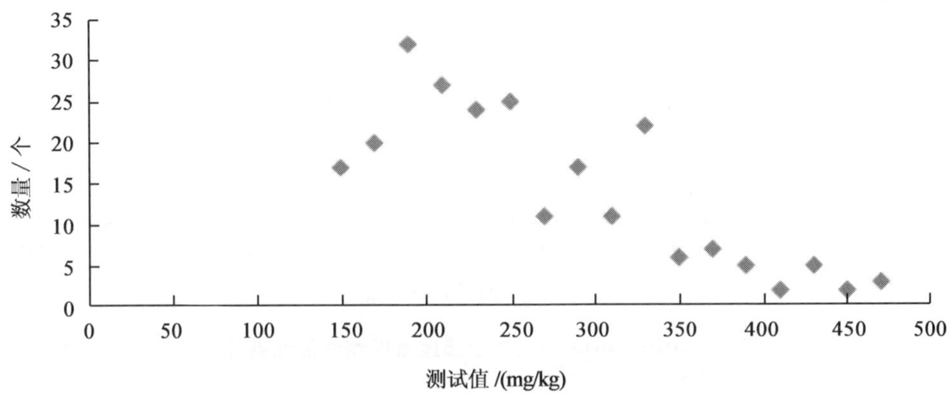


图 6　2010—2013 年极高土壤有效磷测试值散点分布

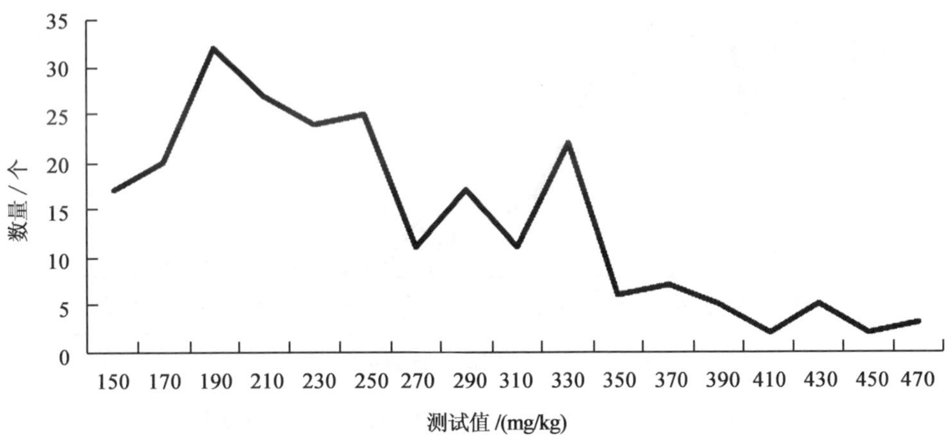


图 7　2010—2013 年极高土壤有效磷测试值折线分布

如图 8 和图 9 所示，随着测试结果数值的增大，昌平区 2010—2013 年极高肥力土壤速效钾测试结果数量总体呈递减趋势；数量最大值出现在测试结果为 410 mg/kg 时，最大数量大 36 个；可以看出当测试结果大于 960 mg/kg 时，数量分布很少；因此，我们将 360 mg/kg、960 mg/kg 视为分界点。

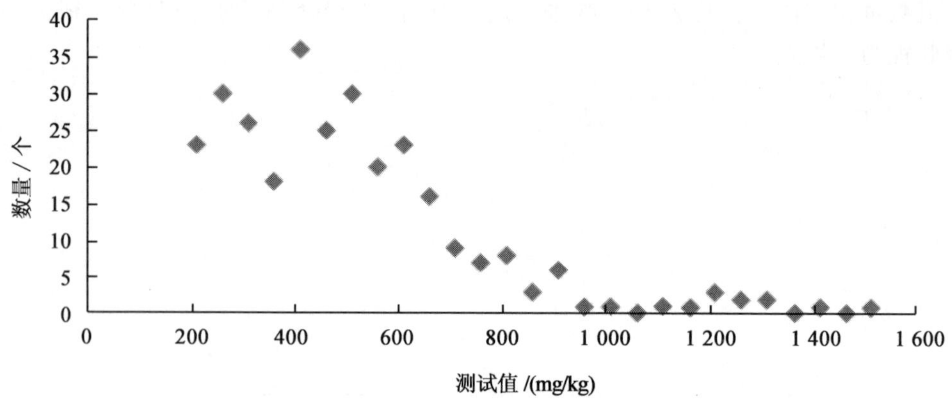


图8　2010—2013年极高土壤速效钾测试值散点分布

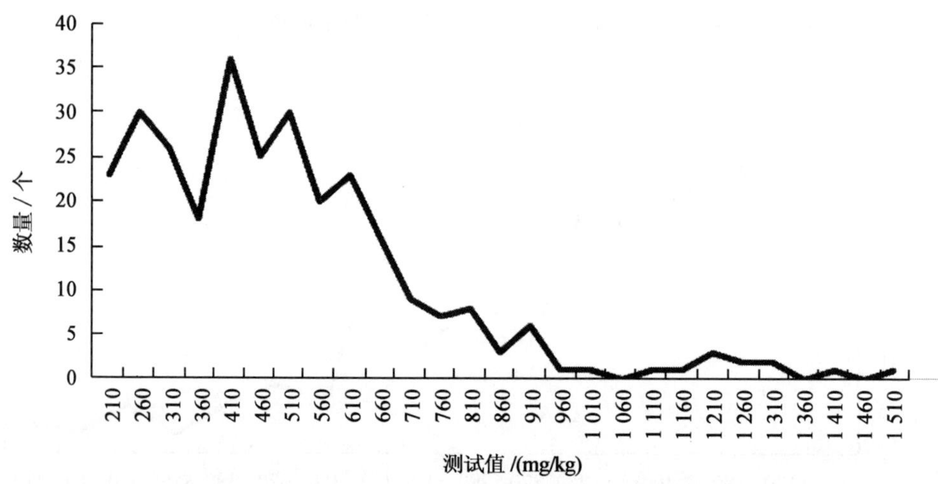


图9　2010—2013年极高土壤速效钾测试值折线分布

# 5　结果与讨论

## 5.1　昌平区草莓种植土壤极高养分分级标准

综上所述，汇总以上各养分指标的数量分布及统计情况，初步归纳出昌平区草莓种植土壤极高养分分级标准，见表6。

**表6　昌平区草莓种植土壤极高养分分级标准**

| 养分指标 | 一级极高 | 二级极高 | 三级极高 | 畸高 |
|---|---|---|---|---|
| 有机/(g/kg) | 4～28 | 28～40 | 40～60 | ≥60 |
| 碱解氮/(mg/kg) | 120～190 | 190～260 | ≥260 | |
| 有效磷/(mg/kg) | 130～270 | 270～350 | ≥350 | |
| 速效钾/(mg/kg) | 160～360 | 360～960 | ≥960 | |

## 5.2　极高养分土壤分级施肥建议

一级极高:底肥施肥有效果,建议常规追肥,平衡施用N、P、K,有机无机肥料配合施用,基肥增加牛、羊粪比例。建议底肥增加秸秆,与有机肥一起充分腐熟,常规追肥。

二级极高:底肥施肥基本无效,易发生肥害。建议基肥减少鸡粪比例。底肥增加秸秆,与有机肥一起充分腐熟,减少或不施化肥,中后期适量追肥。测土补充较低的元素,平衡施用N、P、K。

三级极高:底肥施肥无效,且苗期极易发生肥害。建议基肥减少鸡粪比例,底肥增加秸秆,与有机肥一起充分腐熟,不施化肥,中后期减少追肥。收获期测土掌握肥力变化,便于调整施肥策略。

畸高:底肥施肥无效,且极易发生肥害,土壤保水保肥能力强。建议基肥施用牛、羊粪,不施化肥,不追肥。增加土壤肥力监测次数,掌握肥力变化,便于调整施肥策略。

## 参考文献

[1] [美]Larry L. strand. 张洛生译. 草莓有害生物的综合防治. 2版. 北京:中国农业大学出版社,2011.

[2] 王立府. 北京市昌平区草莓生产状况调查. 农业工程技术:温室园艺,2009:26-27.

[3] 农业部测土配方施肥联席会议办公室. 北京市昌平区围绕区域特色产业强化测土配方肥技术服务. 2012.

[4] 北京市昌平区土肥站. 昌平区耕地地力评价与保护地草莓产业发展专题报告//北京市昌平区耕地地力调查与评价项目成果报告. 2012.

[5] 左强. 温室草莓的肥水管理. 北京市农林科学院植物营养与资源研究所培训讲义.

[6] 吴建繁.京郊菜田肥力现状研究与应用.华北农学报,2000,15:23-26.
[7] 徐全明.北京市昌平区草莓生产中存在的几个问题与建议——对两起草莓种苗投诉问题的反思.北京农业,2011(4).
[8] 王崇福.大棚草莓产生肥害的原因及防治办法.安徽农学通报,2001(1):59.

# 开花初期灌溉追肥方式对草莓生长的影响

孙雪娇　石春梅

（北京市昌平区农业技术推广中心，北京，102200）

**摘　要：**在草莓开花初期安排不同灌溉追肥方式试验，通过对植株生长情况进行观测、调查和数据分析得出：使用滴灌追肥，2 d 1 次，每次每亩灌水 2 $m^3$，施水溶肥 1 kg 的灌溉追肥方式，草莓叶面积最大，开花数最多，对草莓开花初期的生长效果最好。

**关键词：**草莓，开花初期，灌溉，施肥

草莓日光温室促成栽培是北京市草莓生产中的主要栽培方式，一般于 8 月下旬至 9 月上旬定植草莓，10 月下旬开始现蕾开花，12 月下旬陆续成熟上市，采收期可一直延续到翌年的 5 月份，生长期长，采收期长，因此灌溉施肥管理对草莓生长尤为重要，特别是开花初期。已有一些水肥对番茄、黄瓜等生长影响的研究[1-3]，但在草莓上还很少见。目前生产上普遍采用铺地膜时沟施速效肥，之后，每 7 d 左右 1 水，14 d 左右 1 肥的灌溉施肥方式，出现了叶片焦边、花蕾干枯等诸多生理现象，影响草莓的生长。因此，研究草莓适宜灌溉施肥方式，解决生产中出现的实际问题，对于促进草莓的正常健康生长，保证稳产高产具有重要意义。

## 1　材料与方法

### 1.1　试验时间、地点

本试验于 2013 年 9—11 月份在昌平区兴寿镇三鑫草莓园 04 号西大棚内进行。

### 1.2　试验材料

本试验选用的草莓品种为红颜，为草莓园自育基质苗。

### 1.3　基本情况

9 月 5 日定植，每亩 7 680 株，底施商品有机肥 6 000 kg，定植水 8 $m^3$。土壤质

地为壤土，定植前0～20 cm土壤含水量20.29%、20～40 cm土壤含水量20.44%、40～60 cm土壤含水量16.17%、60～80 cm土壤含水量14.82%，土壤容重为158.22 g/cm$^3$，田间持水量236.5 g/kg。

## 1.4 试验方法

### 1.4.1 试验设计

试验用地面积333.5 m$^2$，设4个处理，3次重复，随机区组排列。每个处理的水肥混合液浓度和水肥总量一致，每个处理的灌水量和间隔天数按照设定处理进行。具体处理如下：

处理1:2 d 1次，每次每亩灌水2 m$^3$，施水溶肥1 kg。

处理2:4 d 1次，每次每亩灌水4 m$^3$，施水溶肥2 kg。

处理3:6 d 1次，每次每亩灌水6 m$^3$，施水溶肥3 kg。

处理4:8 d 1次，每次每亩灌水8 m$^3$，施水溶肥4 kg。

### 1.4.2 灌水施肥情况

自9月9日至10月22日，灌水7次，每亩灌水总量32.8 m$^3$。缓苗定株后至11月20日，按照试验设计进行灌溉施肥，自定株后，每亩合计灌水24 m$^3$，施肥12 kg。灌水量及施肥量见表1。

表1 不同处理灌水施肥量

| 灌水日期（年-月-日） | 处理1 | | 处理2 | | 处理3 | | 处理4 | |
|---|---|---|---|---|---|---|---|---|
| | 灌水量/m$^3$ | 施肥量/kg | 灌水量/m$^3$ | 施肥量/kg | 灌水量/m$^3$ | 施肥量/kg | 灌水量/m$^3$ | 施肥量/kg |
| 2011-9-9 | 4 | | 4 | | 4 | | 4 | |
| 2011-10-3 | 4.8 | 0.5 | 4.8 | 0.5 | 4.8 | 0.5 | 4.8 | 0.5 |
| 2011-10-5 | 4 | | 4 | | 4 | | 4 | |
| 2011-10-9 | 4.8 | 5 | 4.8 | 5 | 4.8 | 5 | 4.8 | 5 |
| 2011-10-14 | 4.8 | | 4.8 | | 4.8 | | 4.8 | |
| 2011-10-20 | 4 | | 4 | | 4 | | 4 | |
| 2011-10-22 | 6.4 | | 6.4 | | 6.4 | | 6.4 | |
| 2011-10-29 | 2 | 1 | | | | | | |
| 2011-10-31 | 2 | 1 | 4 | 2 | | | | |
| 2011-11-2 | 2 | 1 | | | 6 | 3 | | |
| 2011-11-4 | 2 | 1 | 4 | 2 | | | 8 | 4 |

续表 1

| 灌水日期（年-月-日） | 处理 1 | | 处理 2 | | 处理 3 | | 处理 4 | |
|---|---|---|---|---|---|---|---|---|
| | 灌水量 /$m^3$ | 施肥量 /kg | 灌水量 /$m^3$ | 施肥量 /kg | 灌水量 /$m^3$ | 施肥量 /kg | 灌水量 /$m^3$ | 施肥量 /kg |
| 2011-11-6 | 2 | 1 | | | | | | |
| 2011-11-8 | 2 | 1 | 4 | 2 | 6 | 3 | | |
| 2011-11-10 | 2 | 1 | | | | | | |
| 2011-11-12 | 2 | 1 | 4 | 2 | | | 8 | 4 |
| 2011-11-14 | 2 | 1 | | | 6 | 3 | | |
| 2011-11-16 | 2 | 1 | 4 | 2 | | | | |
| 2011-11-18 | 2 | 1 | | | | | | |
| 2011-11-20 | 2 | 1 | 4 | 2 | 6 | 3 | 8 | 4 |
| 合计 | 24 | 12 | 24 | 12 | 24 | 12 | 24 | 12 |

#### 1.4.3 调查方法

##### 1.4.3.1 叶面积和开展度的调查

从每个处理中选取 5 株生长正常，有代表性的植株进行各指标调查。11 月 30 日调查草莓的叶面积和开展度。

从草莓的心部向外，选择第 4 片展开叶进行测量，量取中间小叶的横径和纵径，叶面积＝横径×纵径×3×0.7。

选择南北方向和东西方向分别测量植株的冠径，植株开展度＝南北冠径×东西冠径。

##### 1.4.3.2 开花数量的调查

11 月 30 日，调查整个小区内花的总量。

## 2 结果与分析

### 2.1 植株生长情况

#### 2.1.1 不同处理对草莓叶面积的影响

不同处理中草莓的最大叶面积见表 2。由表 2 可以看出，处理 1 中草莓的叶面积最大，为 109.17 $cm^2$，处理 4 中草莓叶面积最小，为 79.36 $cm^2$，随着不同处理中灌溉施肥间隔的加大，草莓叶面积有缩小的趋势，其中处理 1 与处理 4 之间的草莓叶面积存在极显著差异，而在处理1与处理2和处理3之间以及处理2和处理3与处理4之间无显著差异。

表2 不同处理的草莓叶面积 $cm^2$

| 处理 | 最大叶面积 | | | | 差异显著性 | |
|---|---|---|---|---|---|---|
| | Ⅰ | Ⅱ | Ⅲ | 平均值 | 5% | 1% |
| 处理1 | 113.17 | 101.17 | 113.17 | 109.17 | a | A |
| 处理2 | 117.50 | 85.17 | 88.00 | 96.89 | ab | AB |
| 处理3 | 101.67 | 112.33 | 85.00 | 99.67 | ab | AB |
| 处理4 | 86.33 | 86.00 | 65.75 | 79.36 | b | B |

### 2.1.2 不同处理对草莓植株展开度的影响

不同处理的草莓植株开展度见表3。由表3可以看出，不同处理草莓的开展度为670.89～1 311.33 $cm^2$，处理见草莓植株开展度不存在显著差异。

表3 不同处理的草莓植株展开度 $cm^2$

| 处理 | 植株展开度 | | | | 差异显著性 | |
|---|---|---|---|---|---|---|
| | Ⅰ | Ⅱ | Ⅲ | 平均值 | 5% | 1% |
| 处理1 | 2 136.00 | 846.00 | 952.00 | 1 311.33 | a | A |
| 处理2 | 1 000.33 | 725.00 | 744.67 | 823.33 | a | A |
| 处理3 | 1 236.00 | 1 263.33 | 671.00 | 1 056.78 | a | A |
| 处理4 | 839.67 | 678.67 | 494.33 | 670.89 | a | A |

## 2.2 不同处理对草莓开花数量的影响

不同处理对草莓开花数量的影响见表4。由表4可以看出，不同处理中草莓的开花数量不同，随着灌溉施肥间隔的增加，草莓开花数量逐渐减少，4个处理间草莓的开花数量均存在极显著差异。

表4 不同处理植株开花数量分析 株/亩

| 处理 | 小区开花数 | | | | 差异显著性 | |
|---|---|---|---|---|---|---|
| | Ⅰ | Ⅱ | Ⅲ | 平均值 | 5% | 1% |
| 处理1 | 3 120 | 3 240 | 3 144 | 3 168 | a | A |
| 处理2 | 3 000 | 2 904 | 3 024 | 2 976 | b | B |
| 处理3 | 2 688 | 2 616 | 2 640 | 2 648 | c | C |
| 处理4 | 2 208 | 2 184 | 2 232 | 2 208 | d | D |

## 3 结论

①草莓灌溉施肥间隔和灌溉施肥量，对草莓叶面积具有一定影响，实行少量多次的灌溉施肥方式，可以促进草莓叶面积的增大，草莓叶面积的增大，可以促进草莓的光合作用。

②不同处理对草莓的开展度无显著影响。

③草莓灌溉施肥间隔和灌溉施肥量，对草莓的开花数量有显著影响，随着灌溉施肥间隔的缩短，草莓开花数量逐渐增多，说明少量多次的灌溉施肥方式可以促进草莓的提早开花。

④本试验是单点试验，且只进行了一季，数据并不是很完整，对于草莓的生育期和结果性还应作更详细的调查与分析。今后，还应该在草莓的开花盛期和结果期继续进行相关试验，以确定更好的灌溉施肥方式，提高草莓的产量和品质。

### 参考文献

[1] 周博，陈竹君，周建斌. 水肥调控对日光温室番茄产量、品质及土壤养分含量的影响. 西北农林科技大学学报：自然科学版，2006，34(4)：58-62.

[2] 栗岩峰，李久生，饶敏杰. 滴灌施肥时水肥顺序对番茄根系分布和产量的影响. 农业工程学报，2006，22(7)：205-207.

[3] 韦泽秀，梁银丽，井上光弘，等. 水肥处理对黄瓜土壤养分、酶及微生物多样性的影响. 应用生态学报，2009，20(7)：1678-1684.

# 昌平区保护地草莓 pH 状况与变化趋势

沈　兰

（北京市昌平区土肥站，北京，102200）

**摘　要：**在世界草莓大会带动下，昌平区的草莓产业稳步发展，近几年来对农户土壤测试结果发现，种植棚土壤 pH 平均值由改种草莓之前的 8.29 下降至 7.25。长年连续种植草莓的土壤 pH 呈逐年降低趋势。

**关键词：**草莓，pH

近几年昌平区草莓产业迅速发展，种植面积达 320 $hm^2$，草莓已经成为昌平区标志性农产品之一，草莓种植生产管理技术推广工作已经成为昌平区农业技术推广中心的重点工作。草莓生长发育要求适宜的土壤 pH 为 5.8～6.5，在碱性土壤中生长不良[1]。昌平区草莓种植土壤母质以石灰岩为主，淋溶褐土中以洪冲积物碳酸型褐土为主，褐土母质以长石质岩类冈化物和钙质岩类冈化物为主，pH 较高，俗称石灰性土，绝大部分为碱性土壤。而昌平区在种植草莓过程中，从未发生过因为土壤 pH 高而产生的典型生理症状。艾成天等在《土壤环境对草莓生长发育的影响》中提出，草莓生长过程中当土壤 pH 达到 4.20 或 9.16 时，草莓不能正常生长，适宜的土壤 pH 为 6.85～7.57，土壤 pH 为 6.85 时草莓叶面积、株高增值最为明显，pH 为 7.57 时新展开复叶数最多，其分析的结果普遍偏高的一部分原因为草莓适应了当地土壤 pH[2]。

## 1　改种草莓前地块 pH 的检测值为 8.0～8.5

改种草莓前的地块大多为粮田。昌平区草莓棚大部分集中在兴寿镇和崔村镇，经过调查基本上农户建草莓棚之前的地块为粮田，昌平区耕地地力调查结果中提到 2008 年对粮田土壤 pH 的检测值为 8.0～8.5。

# 2 改种草莓后的土壤pH状况

以艾成天等提出的草莓pH 6.85～7.57作为适宜与否的标准，将昌平区保护地草莓土壤pH分为3类，分别为适宜(pH 6.85～7.57)、偏酸(pH≤6.85)以及偏碱(pH＞7.57)。

## 2.1 2010年昌平区保护地草莓土壤pH变化

2010年对就35个草莓棚的土壤pH变化进行检测，平均值为8.03，检测结果统计见表1。由表1可以看出，昌平区2010年保护地草莓土壤pH没有偏酸(pH≤6.85)的土壤；偏碱(pH＞7.57)的土壤占88.57%，其中小于8.0的占32.26%，大于8.0的占67.74%；pH较适宜的土壤(pH 6.85～7.57)占11.43%。

**表1 2010年昌平区保护地草莓土壤pH调查表**

| 项目 | 偏酸(pH≤6.85) | 适宜(pH 6.85～7.57) | 偏碱(pH＞7.57) |
|---|---|---|---|
| 测试土壤数量/个 | 0 | 4 | 31 |
| 所占比例/% | 0.00 | 11.43 | 88.57 |

## 2.2 2011年昌平区保护地草莓土壤pH变化

2011年对479个草莓棚的土壤pH变化进行检测，平均值为7.37，检测结果统计见表2。由表2可以看出，昌平区2011年保护地草莓土壤pH偏酸(pH≤6.85)的土壤占3.13%；偏碱(pH＞7.57)的土壤占21.29%；pH较适宜的土壤(pH 6.85～7.57)占75.57%。

**表2 2011年昌平区保护地草莓土壤pH调查表**

| 项目 | 偏酸(pH≤6.85) | 适宜(pH 6.85～7.57) | 偏碱(pH＞7.57) |
|---|---|---|---|
| 测试土壤数量/个 | 15 | 362 | 102 |
| 所占比例/% | 3.13 | 75.57 | 21.29 |

## 2.3 2012年昌平区保护地草莓土壤pH变化

2012年对42个草莓棚的土壤pH变化进行检测，平均值为7.34，检测结果统计见表3。由表3可以看出，昌平区2012年保护地草莓土壤pH偏酸(pH≤6.85)的土壤占4.76%；偏碱(pH＞7.57)的土壤占30.95%；pH较适宜的土壤(pH

6.85～7.57)占64.29%。

表3 2012年昌平区保护地草莓土壤pH调查表

| 项目 | 偏酸<br>(pH≤6.85) | 适宜<br>(pH 6.85～7.57) | 偏碱<br>(pH>7.57) |
|---|---|---|---|
| 测试土壤数量/个 | 2 | 27 | 13 |
| 所占比例/% | 4.76 | 64.29 | 30.95 |

## 2.4 2013年昌平区保护地草莓土壤pH变化

2013年对72个草莓棚的土壤pH变化进行检测，平均值为7.25，检测结果统计见表4。由表4可以看出，昌平区2013年保护地草莓土壤pH偏酸(pH≤6.85)的土壤占9.72%；偏碱(pH>7.57)的土壤占9.72%；pH较适宜的土壤(pH 6.85～7.57)占80.56%。

表4 2012年昌平区保护地草莓土壤pH调查表

| 项目 | 偏酸<br>(pH≤6.85) | 适宜<br>(pH 6.85～7.57) | 偏碱<br>(pH>7.57) |
|---|---|---|---|
| 测试土壤数量/个 | 7 | 58 | 7 |
| 所占比例/% | 9.72 | 80.56 | 9.72 |

## 2.5 2010—2013年昌平区保护地草莓土壤pH平均值变化趋势

由表5和图1可以看出，昌平区保护地草莓土壤pH平均值呈逐年下降的趋势，由2010年的8.03下降到2011年的7.37，而后缓慢下降到2013年的7.25。

表5 昌平区2010—2013年保护地草莓土壤pH平均值调查表

| 项目 | 2010年 | 2011年 | 2012年 | 2013年 |
|---|---|---|---|---|
| 测试土壤数量/个 | 35 | 479 | 42 | 72 |
| pH平均值 | 8.03 | 7.37 | 7.34 | 7.25 |

# 3 造成昌平区保护地草莓土壤pH下降的原因分析

## 3.1 保护地草莓长期施用有机肥使pH下降

为保证昌平区保护地草莓的食品安全，农业技术推广人员向农民推广绿色安全的草莓生产施肥管理技术，推荐农民减少对化肥的施用，增施有机肥，农户也越来越重视对有机肥的施用。有机肥在土壤中熟化，形成腐殖酸[3]。腐殖酸 pH 为 6.8 偏酸性，有机肥经过长期的施用与积累所形成的腐殖酸对土壤的 pH 降低产生了一定的影响。

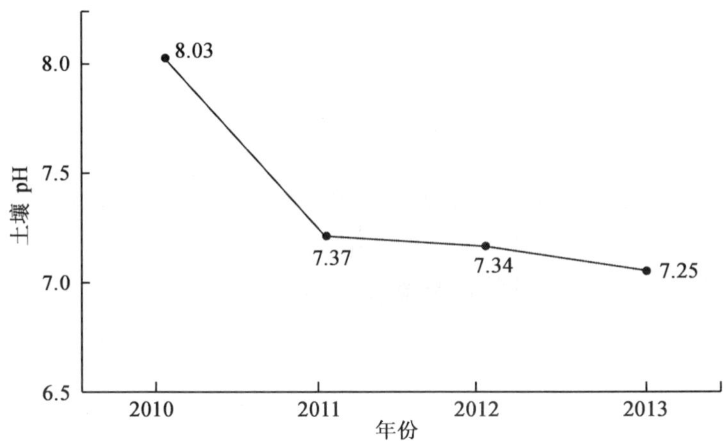


**图 1　昌平区 2010—2013 年保护地草莓土壤 pH 平均值**

### 3.2　秸秆使用量的增加对 pH 下降起着一定的作用

经过昌平区技术人员入户调查，昌平区保护地草莓种植户对秸秆的使用量逐渐增加。秸秆混入土壤中后增加了土壤的有机质，从而进一步增加了产生的腐殖酸，对 pH 下降起着一定的作用。

### 3.3　长期施用硫酸钾造成强酸根对土壤 pH 产生影响

硫酸钾属于化学中性、生理酸性肥料，其在土壤中溶解后分解为钾离子和硫酸根离子，而钾离子一部分被植物根系直接吸收利用，另一部分与土壤胶体上的阳离子进行交换[4]。昌平区的土壤基本上属于碱性土壤，硫酸钾分解后的硫酸根离子属于强酸根，长期施用造成土壤的 pH 降低。

### 3.4　滴灌追肥中的 pH 缓冲剂造成 pH 下降

昌平区保护地草莓种植中，滴灌追肥方式占绝大多数。由于昌平区农业灌溉用水基本上为弱碱性，为了保证滴灌肥效，农民都要将 pH 调节至 6.8 以下。所以，长期多次追肥中加入的酸性缓冲剂对土壤 pH 下降起了一定的作用。

## 4　讨论

昌平区的保护地草莓土壤 pH 呈逐年下降趋势，就目前取土化验的 pH 范围，对草莓生长还是有利的，还远远达不到由于土壤酸性对草莓生长带来不利影响。但要及时监控土壤 pH 变化，同时针对其变化，需要进一步跟踪调查土壤 pH 下降对土壤养分有效性的影响。

## 参考文献

[1] 张秀刚. 草莓基础生理及其栽培. 北京：中国林业出版社，1993.

[2] 艾天成，雷泽湘，万建民，等. 土壤环境对草莓生长发育的影响. 湖北农业科学，2003(1).

[3] 刘瑞伟，高法振，赵传林，等. 微生物发酵有机肥对土壤腐殖酸及活性酶的影响. 安徽农业科学，2009，37(9)：4096-4097.

[4] 朱喜梅，郑长训. 硫酸钾的特性与施用. 河南农业，1995(6).

# 两种立体栽培方式对草莓生长及品质的影响

刘宝文　周明源

（北京市北京市昌平区农业技术推广中心，北京，102200）

**摘　要**：我国草莓业发展迅速，但果实质量较低。有机基质栽培可提高草莓产量和品质，立体栽培可充分利用空间，提高作物产量，但成本较高，栽培形式和装置仍需不断研究。针对上述问题，本文研究高架栽培与后墙栽培相比，后墙栽培夜间空气温度降低缓慢，基质昼夜温差大，光照充足。后墙栽培草莓植株长势较好，总产量和果实品质有所改善，其中叶面积、糖酸比分别增加13.22%和11.85%，但单株产量和单果重反而略低了7.0%，有待进一步提高。

**关键词**：草莓，立体栽培，高架栽培，后墙管道，产量，品质

立体栽培也称垂直栽培，通过竖立起来的栽培设备作为植物生长的载体，而不影响到地面栽培，充分利用温室空间的一种无土栽培方式；主要栽培的作物以矮秧类为主，如生菜、草莓等，可以提高土地利用率3～5倍，提高单位面积产量2～3倍；20世纪60年代，美国、日本、西班牙、意大利等发达国家逐渐开发出不同形式的立体无土栽培，我国自20世纪90年代起开始研究推广此项技术[1]。

立体栽培具有以下几方面优点：①节约土地：传统栽培模式中的种植密度为0.8万～1万株/亩，而采用立体栽培，每亩栽培总量可达2.7万～3万株，相当于传统平地栽培的3倍，节约土地2/3以上，每亩的产量增加到原来的3倍；②改善植株生长：在立体栽培模式下，不受土壤的限制，可根据栽培作物选配基质和营养液，保证栽培作物的营养需求；③操作方便：立体栽培减轻了农户的劳动强度，管理简单、方便，此外，立体栽培的形式更适合于人们观光采摘，从而带动了整个产业的发展[2]。

## 1　试验材料与方法

本试验于2012年9月25日将草莓苗定植于北京市昌平区农业技术推广中心

科技示范展示基地——北京兴寿天成种植园日光温室内，试验周期从2012年9月份至2013年4月份，即整个草莓植株生长结果周期。

## 1.1 试验材料

本试验选用的品种为红颜，由北京市昌平区西新城农业合作社提供。试验用基质为草炭、蛭石、珍珠岩，体积比为2∶1∶1混合。草莓栽培采用日本山崎草莓营养液配方如表1，EC值为2.0～2.5 mS/cm，pH保持在5.5～6.5。

**表1 山崎草莓营养液配方及物理性质**

| 肥料种类 | 用量/(g/t) | 营养液EC/(mS/cm) | 营养液pH |
|---|---|---|---|
| 四水硝酸钙[$Ca(NO_3)_2 \cdot 4H_2O$] | 236.00 | 2.0～2.5 | 5.5～6.5 |
| 硝酸钾($KNO_3$) | 303.00 | | |
| 磷酸二氢铵($NH_4H_2PO_4$) | 57.00 | | |
| 七水硫酸镁($MgSO_4 \cdot 7H_2O$) | 123.00 | | |
| 螯合铁(Fe-EDTA) | 16.00 | | |
| 硫酸锰($MnSO_4 \cdot 4H_2O$) | 0.72 | | |
| 硫酸锌($ZnSO_4 \cdot 7H_2O$) | 0.94 | | |
| 硫酸铜($CuSO_4 \cdot 5H_2O$) | 0.04 | | |
| 硼酸($HBO_3$) | 1.20 | | |
| 钼酸铵[$(NH_4)_2MoO_4$] | 0.01 | | |

## 1.2 试验设计

试验采用高架栽培(图1和图2)和后墙管道栽培(图3)2种立体栽培模式，均采用草炭∶蛭石∶珍珠岩=2∶1∶1的基质配比方案和山崎草莓营养液配方。

高架栽培方式如图1和图2所示。高架栽培槽内种植2列，2列间距20 cm左右，每列中草莓植株间距20 cm，每个高架栽培槽共种植草莓苗50棵左右。

后墙管道栽培方式如图3所示。水平方向沿日光温室后墙通长设计，垂直方向根据后墙高度设置4排管道，管道上端开口内填充基质，单列种植，草莓植株间距为15 cm。

2种栽培方式均采用营养液滴管的方式进行水肥灌溉，每列栽培植株布置滴管带，上水系统与营养液桶相连，并设置回水系统与回液桶相连。日光温室内营养液桶容量500 L，换算后实际营养液配置用量如表2所示。

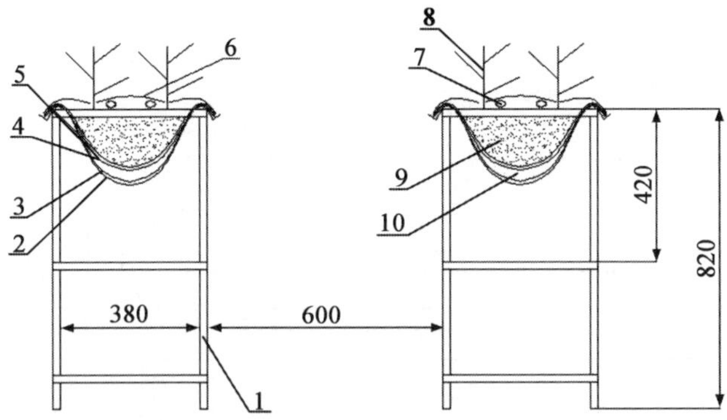


**图 1　草莓高架栽培侧立面图(单位:cm)**

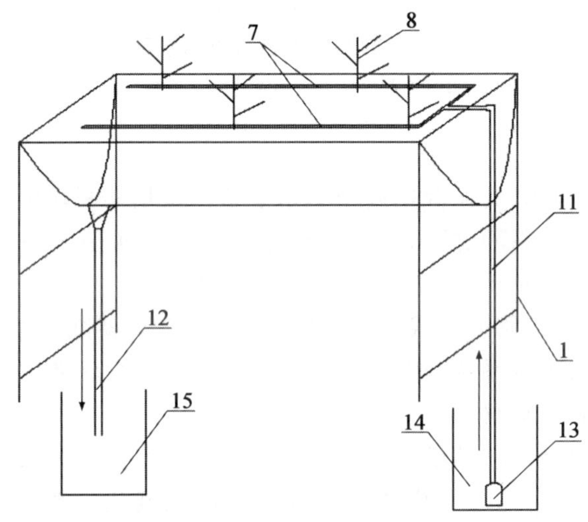


**图 2　草莓高架栽培整体示意图**

1-栽培架　2-透明厚塑料布　3-黑白塑料膜　4-防虫网　5-黑色无纺布　6-白色覆盖膜
7-滴灌管　8-草莓植株　9-栽培基质　10-剩余营养液　11-供水管道
12-回水管道　13-水泵　14-营养液桶　15-回液桶

**表 2　500 L 营养液配置用量**　　g

| 项目 | 硝酸钙 | 硝酸钾 | 磷酸二氢铵 | 硫酸镁 | 螯合铁 | 硫酸锰 | 硼酸 | 硫酸锌 | 硫酸铜 | 钼酸铵 |
|---|---|---|---|---|---|---|---|---|---|---|
| 用量 | 118.00 | 151.5 | 228.50 | 61.50 | 8.00 | 0.36 | 0.60 | 0.47 | 0.02 | 0.005 |

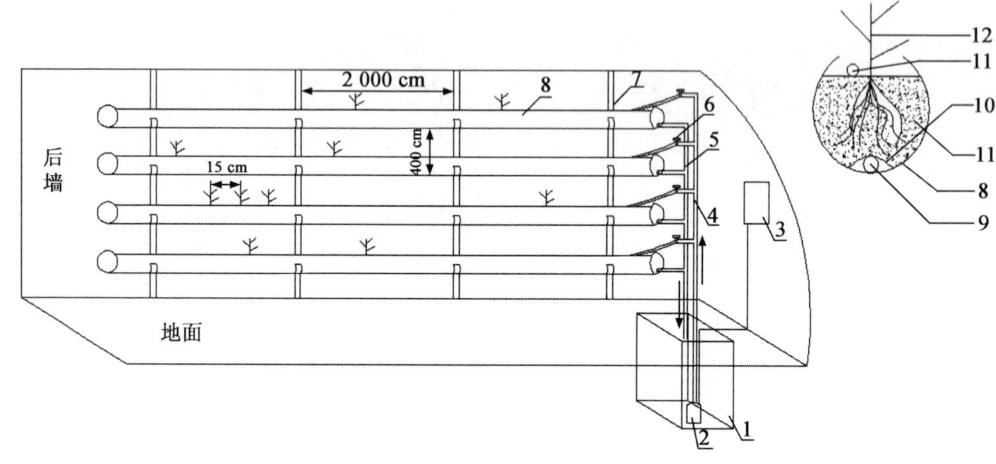


**图 3 草莓后墙管道栽培示意图**

1-营养液桶 2-水泵 3-定时控制器 4-供水管道 5-回水管道 6-阀门 7-栽培架
8-栽培管道 9-集液管 10-防虫网 11-栽培基质 12-草莓植株

如图 1 和图 2 所示，为试验用高架栽培装置。栽培架采用镀锌钢管焊接而成，透明厚塑料布、黑白塑料膜、防虫网以及黑色无纺布依次用卡箍固定在栽培架上，形成栽培槽，将草莓苗定植于装有基质的栽培槽内。

试验采用营养液滴管的方式进行水肥灌溉，每个高架栽培槽内布置 2 列滴管管道，栽培槽北侧为上水系统与营养液桶相连，南侧回水系统与回液桶相连，供水管和回水管均采用 PVC 材料。

后墙 PVC 管道基质栽培模式：为充分提高空间利用率，增大种植密度，充分利用后墙的空间进行草莓的栽培模式正在逐步走向正规化。直径 160 mm PVC 管道模式长 180 m，为保证光照充足，管道之间间距 25 cm，共 4 根。后墙 PVC 管道模式为基质栽培，这种种植方式密度大，株距为 15 cm，共定植 1 200 株。

## 1.3 测定指标与方法

### 1.3.1 立体栽培方式环境条件测定

在温室内安装温室环境检测设备（温室娃娃），通过连接光照、温度、湿度传感器等对温室内的空气温度、湿度、基质温度、室内光照进行检测和记录。

### 1.3.2 草莓植株形态、生理指标测定

草莓苗定植后，经过大约 2 周的缓苗期，选取栽培架开始测量营养生长状况，每周对植株测定 1 次。相关测定指标及方法：

株高：采用直尺测量基质表面到大多数叶片的自然高度(cm)。

叶面积：取第2片展平的功能叶，用直尺测量三出复叶中央小叶的长和宽，以长×宽×0.73计算叶面积($cm^2$)[3]。

植株叶片数(三出复叶)：统计植株所有的功能叶片数。

地上、地下部生物量：用精度为0.001 g的电子天平称量鲜重，置于烘干箱105℃下杀青2 h，再85℃烘干至恒重，称量干重。

叶绿素SPAD值测量：用叶绿素仪SPAD-502在10:00～11:00时间段内测定草莓植株第2片展平的功能叶片，每片叶子测量4次，取平均值。

#### 1.3.3 草莓果实产量、品质指标测定

产量测定：高架栽培槽上定点株，草莓成熟后，采摘划定区域内的草莓，记录草莓个数，总产量，计算平均单果重，单株产量。

果实品质测定：测定时草莓果实成熟度尽量保证一致，测定指标主要包括：果实纵径、横径、可溶性糖、维生素C含量、总酸、可溶性蛋白质。

维生素C含量测定——2,6-二氯靛酚滴定法[4]。

可滴定酸测定——pH电位滴定法[5]。

可溶性固形物——蒽酮比色法[6]。

可溶性蛋白——考马斯亮蓝G-250法[7]。

果实的纵径、横径：用游标卡尺测量草莓果实的纵径、横径，并计算果形指数。

### 1.4 试验数据处理与分析

将所记录数据收集整理后，用Excel 2007对原始数据进行处理、分析。用格布拉斯准则对原始数据中的粗大误差进行剔除，再用Excel 2007对修正后的数据进行均值、标准误差等方面计算、作图。采用SPSS 19对数据进行方差分析和显著性分析，用不同字母a、b……表示显著性($P<0.05$)，相同字母表示差异不显著。

# 2 试验数据结果与分析

## 2.1 2种立体栽培方式对草莓生长环境的影响

良好的生长环境有利于草莓植株的生长以及果实产量和品质的提高，高架和后墙管道栽培作为2种立体栽培方式，为草莓提供的生长环境也略有不同。选取2012年12月份到2013年1月份冬季最冷时期内，典型的天气气候如晴天、阴天，比较空气温度、基质温度、光照条件在2种栽培方式下的区别。

#### 2.1.1 2种立体栽培方式空气温度的变化

图4至图6所示为晴天、阴天及雪天情况下，高架栽培和后墙管道栽培植株冠层处空气温度的变化。晴天时高架栽培日平均冠层空气温度为13.7℃，后墙栽培为14.5℃，温度变化曲线一致，最高温在正午12:00前后分别为25.8℃和25℃，最低温在8:00左右为9.1℃和9.3℃，昼夜温差高架栽培略大于后墙栽培，分别为16.1℃和15.8℃。从图中曲线可以看出，高架栽培温度下降快，而后墙温度下降滞后，但两者温差不大。阴天时空气温度较低，高架和后墙日平均空气温度为9.2℃和9.5℃，昼夜温差为9.7℃和8.4℃，后墙温差小，其变化趋势和晴天时一致。雪天时，2种栽培方式日平均空气温度均在5.4℃左右，高架处最高温和最低温均高于和低于后墙处。综合3种气候条件，日平均气温后墙栽培略高于高架栽培，差距不大；夜间温度高架处温度下降快于后墙处。

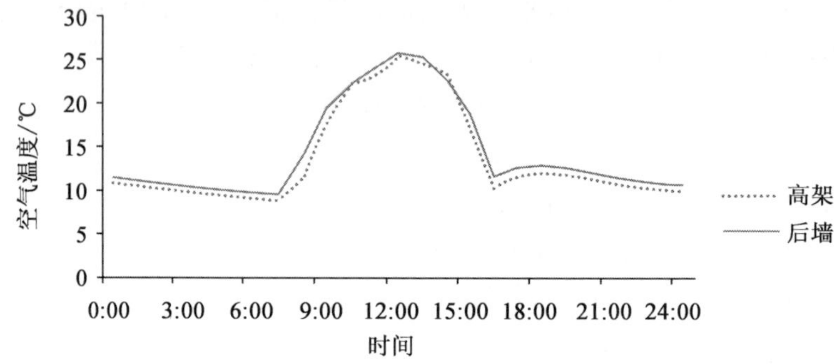


**图4 晴天时2种立体栽培方式空气温度变化曲线**

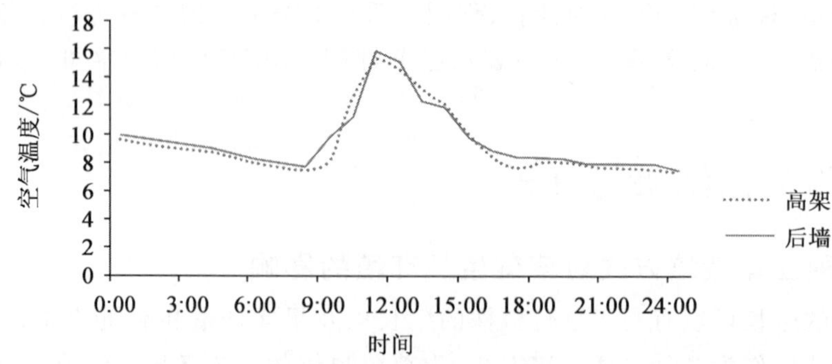


**图5 阴天时2种立体栽培方式空气温度变化曲线**

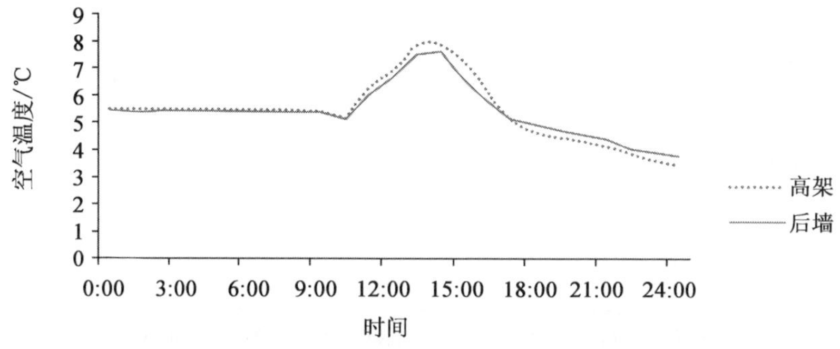


**图 6　雪天时 2 种立体栽培方式空气温度变化曲线**

### 2.1.2　2 种立体栽培方式基质温度的变化

如图 7 至图 9 所示为晴天、阴天及雪天情况下，高架栽培和后墙管道栽培基质温度变化。从图中可以看出，后墙基质温度变化幅度大，并且基质温度上升和下降速率快。晴天时高架基质日平均温度为 11.7℃，后墙基质温度略高，为 12.5℃。基质最高温出现在下午 2:00～3:00，最低温在上午 8:00～9:00。后墙最高温为 18.8℃，比高架最高温 14.8℃，高出 4℃；后墙最低温为 8.0℃，温差为 10.8℃；高架栽培最低温为 9.1℃，温差为 5.7℃约为后墙温差的 1/2。阴天时，基质温度变化幅度减小，日平均基质温度高架为 10.5℃，后墙低于高架，为 9.9℃。后墙基质最高温度为 12.5℃，最低温度为 8.0℃，高架基质温度为 11.4℃和 9.5℃，昼夜温差为 4.5℃和 1.9℃。雪天时，基质温度在中午阶段略有小幅波动，但整体仍呈现出下降趋势，后墙基质温度始终低于高架，高架和后墙处理日平均基质温度为 8.9℃和 7.7℃。由此可以得出，天气条件对后墙基质温度变化影响较大，后墙基质升温迅速，但降温也快，其基质最高温和最低温均高于和低于高架基质，从而导致其昼夜基质温差较大。

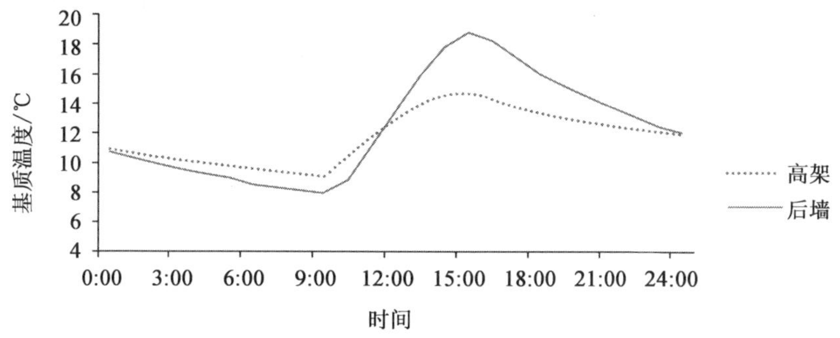


**图 7　晴天时 2 种立体栽培方式基质温度变化曲线**

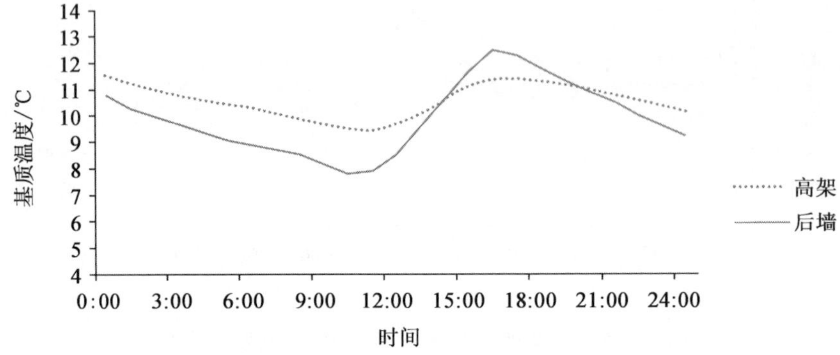


**图 8　阴天时 2 种立体栽培方式基质温度变化曲线**

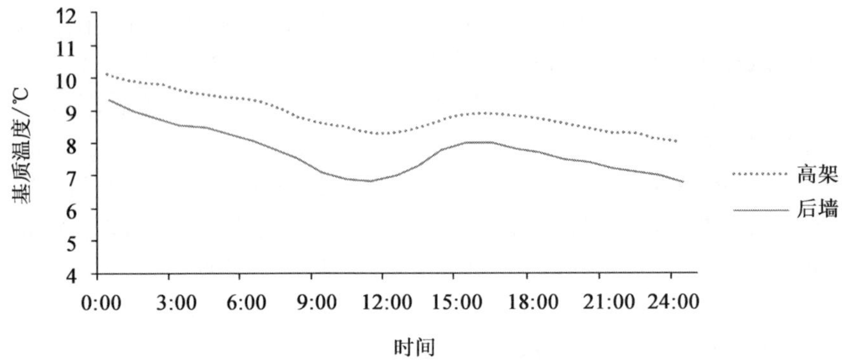


**图 9　雪天时 2 种立体栽培方式基质温度变化曲线**

#### 2.1.3　2 种立体栽培方式光照环境的变化

图 10 和图 11 所示为晴天和阴天情况下，高架栽培和后墙管道栽培光照环境的变化。在晴天时，后墙光照强度略高于高架栽培，后墙最高光照强度为 55.9 klx，高架为 50.2 klx。阴天情况下，2 种栽培方式光照强度相近，高架最高光照强度为 7.8 klx，后墙为 7.5 klx。由此可见，在光照充足时后墙除光照优于高架，而在阴天时两者光照效果基本一致。

### 2.2　2 种立体栽培方式对草莓植株生长的影响

分别对草莓株高、叶片数、叶面积，植株地上部和地下部鲜重和干重等生长指标进行测定，相关测定指标和计算指标如表 3 所示。

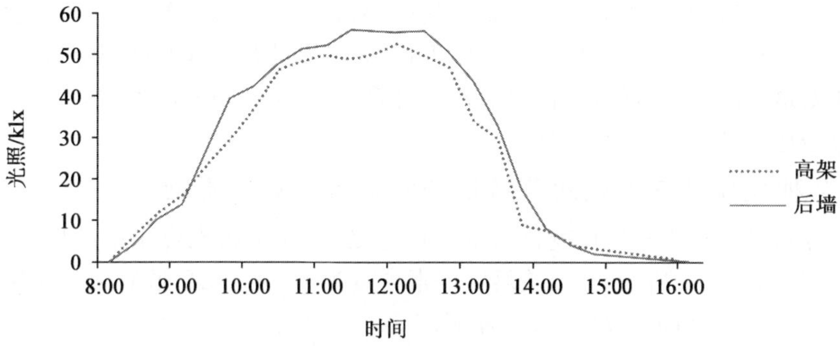


图 10　晴天时 2 种立体栽培方式光照变化曲线

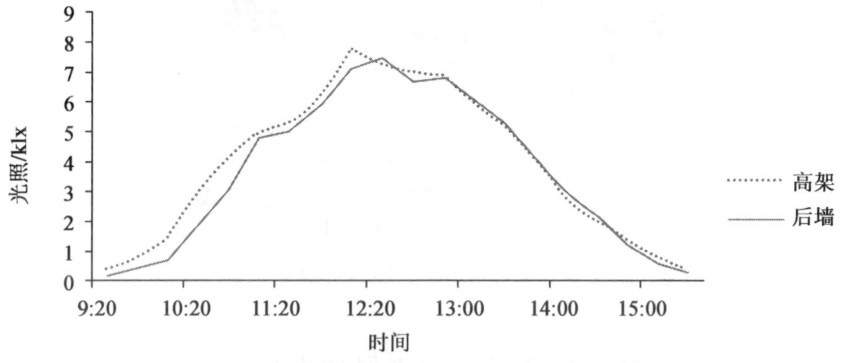


图 11　阴天时 2 种立体栽培方式光照变化曲线

表 3　不同试验处理对草莓生长的影响

| 处理 | 株高/cm | 叶片数 | 叶面积/$cm^2$ | 地上部干鲜重比 | 地下部干鲜重比 | 根冠比 |
|---|---|---|---|---|---|---|
| 高架栽培 | 9.92±0.24[b] | 6.89±0.64[b] | 17.40±0.70[b] | 0.184±0.003[a] | 0.129±0.011[b] | 0.976±0.044[a] |
| 后墙管道栽培 | 10.4±0.36[a] | 8.60±0.57[a] | 19.70±1.51[a] | 0.194±0.004[a] | 0.146±0.014[a] | 0.875±0.040[b] |

植株长势方面主要通过株高、叶片数和叶面积表示。从表 3 中可以看出，后墙管道栽培在植株长势方面优于高架栽培，并且存在显著性差异。在株高、叶片数、叶面积指标中，后墙管道栽培比高架栽培分别高出 4.84%、24.82%、13.22%，其中叶片数和叶面积方面效果明显。地上部和地下部干鲜比方面，高架栽培数值上略高于后墙栽培，但两者之间没有显著差异。根冠比是植物地下部分与地上部分

生物量之比，后墙栽培根冠比小于高架栽培，两者之间存在显著差异。由此可以得出，后墙管道栽培可以促进草莓植株的生长，尤其在叶片数和叶面积上后墙栽培优于高架栽培，并且效果显著。由根冠比也可看出，后墙栽培根部吸收的营养物质优先供应于地上部，植株长势良好。

## 2.3 2种立体栽培方式对草莓植株叶绿素含量的影响

叶绿素是叶片生理活性变化的重要指标之一，在植物光合作用过程中发挥重要的作用。如图12所示，高架栽培叶绿素含量为40.02，比后墙管道栽培略低，两者之间存在差异，后墙栽培叶绿素为42.4。

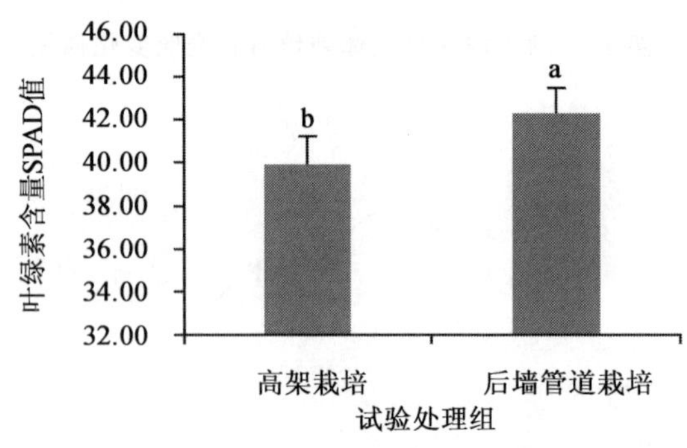


图12 2种立体栽培方式对草莓叶绿素含量的影响

## 2.4 2种立体栽培方式对草莓果实产量的影响

表4所示为2种栽培方式对产量的影响，分别选取15棵草莓植株，进行定株测产。可以看出，在单株产量、平均单果重和最大单果重方面，后墙栽培要低于高架栽培，但两者差距不明显。

表4 2种立体栽培方式对草莓产量的影响

| 处理 | 亩产量/kg | 单株产量/g | 平均单果重/g | 最大单果重/g |
|---|---|---|---|---|
| 高架栽培 | 2 604.8 | 325.6 | 20.35 | 30.02 |
| 后墙管道栽培 | 2 434.6 | 304.32 | 19.02 | 29.38 |

## 2.5 2种立体栽培方式对草莓果实品质的影响

果实品质主要包括外观、风味和营养价值3部分。果形指数反映了果实的外观，果实风味主要指糖和酸的含量，维生素C和可溶性蛋白质则代表了果实的营养价值。

如表5所示，后墙栽培果实纵径大于高架栽培，而横径小于高架栽培，从而可得后墙管道栽培果形指数为1.28大于高架栽培的1.07，并且存在显著性差异。相比较而言，后墙草莓果实为长圆形略显细长，而高架栽培草莓果实外形呈圆锥状，比较圆润饱满。

**表5　2种立体栽培方式对草莓果形的影响**

| 处理 | 纵径/mm | 横径/mm | 果形指数（纵径/横径） |
|---|---|---|---|
| 高架栽培 | 40.00±2.45[b] | 37.39±2.27[a] | 1.07±0.09[b] |
| 后墙管道栽培 | 42.44±2.07[a] | 33.25±1.97[b] | 1.28±0.12[a] |

表6所示为不同栽培方式对草莓果实风味和营养价值的影响。从表中可以看出，后墙管道栽培的果实糖含量高于高架栽培，而酸含量又较低，因此糖酸比数值较高，比高架栽培高出11.85%，存在显著性差异，则后墙栽培果实风味较好。在果实营养价值方面，主要测定维生素C和可溶性蛋白质。从试验结果可以看出，后墙栽培营养价值高于高架栽培，并且存在差异。

**表6　2种立体栽培方式对草莓果实品质的影响**

| 处理 | 可溶性糖/% | 可滴定酸/% | 糖酸比 | 100 g维生素C含量 | 可溶性蛋白质/(mg/g) |
|---|---|---|---|---|---|
| 高架栽培 | 9.60±0.37[b] | 0.736±0.008[a] | 13.043±0.116 | 67.78±1.33[b] | 0.762±0.019[b] |
| 后墙管道栽培 | 10.26±0.38[a] | 0.706±0.005[b] | 14.589±0.091[a] | 73.68±1.11[a] | 0.789±0.015[a] |

# 3　讨论

本章试验采用后墙管道栽培与高架栽培进行对比，采用相同的基质配比方式和营养液配方。后墙栽培是根据日光温室的结构特点开发的一种立体栽培方式，可以充分利用日光温室后墙进行种植，提高了温室的利用率，增加了生产效益和经济效益。

对2种栽培模式环境因素测定中发现，后墙栽培在空气温度变化趋势和高架栽培相近，两者之间最高温相差不大，而在降温阶段，后墙空气温度下降缓慢，表现出一种滞后现象。这可能是由于温室后墙的保温蓄热性，在夜间后墙放热，则靠近后墙处温度会略高。后墙基质温度变化速率高于高架基质，即后墙基质升温快、降温亦快，基质的最高温和最低温均高于和低于高架栽培，从而形成较大的昼夜温差。后墙基质温度变化快可能是由于两种栽培形式所用的材料不同，高架栽培采用塑料膜，后墙栽培采用PVC材料，PVC材料导热性能高于塑料薄膜，其传热、放热快。其次，两种栽培结构的差异从而导致植株基质容量不同，通过计算可得出高架栽培基质容量为41.02 $cm^3$，而后墙为31.97 $cm^3$，基质容量愈大放热愈慢。因此，在天气条件较差时，后墙基质温度会始终低于高架基质。光照条件方面，当外界光照条件充足时，后墙光照强度高于高架栽培，当外界光照条件不足时，后墙光照强度与高架栽培接近。晴天时后墙栽培架对光线有反射和散射两种作用，而高架处对光线仅有散射作用，因此后墙处的植株会接收到更多的光照；而阴天时墙体只有散射光和高架处相同，光照强度变化一致。此外，由日光温室的光照强度分布可以看出，温室内南部（前部）为强光区，北部（后部）为弱光区，此种分布情况在光照条件较弱的情况下尤为明显。综合比较环境因素发现，当天气良好时，后墙环境条件优于高架栽培；当天气恶劣时，后墙环境条件也随之下降，低于高架栽培，说明后墙栽培应对环境的调控能力较弱。

对两种栽培模式下种植的草莓植株生长、果实产量和品质进行测定，从实验结果中可以看出，后墙管道栽培前期草莓植株长势优于高架栽培，尤其在叶片数、叶面积和根冠比方面差异显著，其根系吸收的营养优先供应到地上部生长，植株生长旺盛。这可能是由于后墙平均空气温度略高于高架，有利于草莓植株的生长。此外，基质温度对草莓生长也有很大的影响，草莓植株根系生长最适温度范围15～20℃，低于10℃生长减弱。在晴天时，后墙基质温度能够上升到18.8℃，比较适宜根系的生长和养分，但夜间基质温度下降到8℃，根系活动减弱，营养物质消耗少，有利于同化物的累积。而高架基质温度变化幅度相对较小为14.8～9.1℃，但其基质温度始终低于根系生长的最适温度。在后期产量和品质方面，后墙栽培草莓在总产量和品质上比高架栽培好，但在单果重和单株产量方面略低。

## 4 结论

①在环境因素方面，主要包括空气温度、基质温度和光照强度。与高架栽培相比，后墙栽培夜间空气温度降低缓慢，基质昼夜温差大，光照充足时光照强度高。

②后墙栽培草莓植株长势较好，总产量和果实品质方面有所改善，但单株产量和单果重方面有待提高。

③后墙作为新型的栽培方式，可以充分利用日光温室后墙，增加了温室的效

益，但仍存在许多问题，为今后应用推广，还需做进一步的改善。

## 参考文献

[1] 姜新法. 立体无土栽培技术浅述. 农机服务，2007，24(12)：102.

[2] 黄广礼. 立体栽培草莓效益可观. 北京农业，2002(2)：16.

[3] 于丽杰. 四季草莓生长发展规律的研究. 北方园艺，1993(6)：43-45.

[4] 李合生. 植物生理生化实验原理和技术. 北京：高等教育出版社，2000：13-15.

[5] 中华人民共和国国家质量监督检验检疫总局. GB/T 12456—2008 食品中总酸测定. 北京：标准出版社，2008.

[6] 王晶英，敖红，张杰，等. 植物生理生化实验技术与原理. 哈尔滨：东北林业大学出版社，2003：22-24.

# 草莓露地高畦育苗关键技术

张 雷[1] 周明源[1] 高 丽[1] 石春梅[1] 孙雪娇[1] 孙 燚[2]

(1.北京市昌平区农业技术推广中心,北京,102200;
2.北京市昌平区农产品监测检测中心,北京,102200)

**摘 要:**草莓露地育苗一般包括平地育苗和高畦育苗2种。南方地区降雨频繁,方便排水,主要以高畦为主,北方地区平地和高畦2种形式都有。北方高畦育苗方式是把草莓种苗定植在高畦中央,为单行,让子苗往高畦的两侧生长。这种高畦育苗方式,草莓种苗生产量大,占用生产面积大,影响子苗的生长和发生数量。而采用南方高畦育苗方式,是把草莓种苗定植在高畦的两侧,让子苗往高畦的中间生长,充分利用高畦的土地面积,减少草莓母株对子苗的生长影响,子苗生长后期及时去除母株,有利于提高子苗发生数量。由于是高畦,有利于在夏季及时排除雨水,减少雨水浸泡草莓的时间,降低草莓炭疽病的发生概率。

**关键词:**草莓,高畦,育苗,关键技术

整个育苗期的操作流程:施肥、整地、定植、浇水、掐花、追肥、除草、压蔓、病虫害防治、去除母株、起苗。

## 1 施肥

在平整土地的基础上,每亩(1亩≈667 $m^2$)施用1 t充分腐熟的袋装鸡粪,把鸡粪充分撒施均匀。

## 2 整地

### 2.1 深松土壤

用大型拖拉机悬挂深松机械进行土壤深松,经过旋耕,耕层深度为40 cm,为了保证土地不漏耕和后面消毒工作的效果,需要进行2遍土壤深松,第1遍为南北方向,第2遍为东西方向。

### 2.2 土壤化学消毒

由专业消毒公司进行土壤化学消毒。消毒剂为溴甲烷和氯化苦的混配剂。土壤消毒全部为机械式，因为时间短会降低消毒效果，所以塑料薄膜覆盖时间不能少于 7 d。

### 2.3 起垄做畦

由拖拉机悬挂打梗机械进行打梗做高畦，起垄机械调整的作业宽度为 2.05 m，畦沟宽 2.2 m，最后做成的高畦宽度为 1.5 m，畦高 30 cm。

### 2.4 铺设滴管系统

草莓苗定植成活的关键是浇水。因此，在定植前一定要把滴灌系统做好。首先铺设主管道，再根据高畦的宽度在主管道上打眼铺设支管道。由于在高畦上要定植 2 行草莓苗，所以每个高畦上都要铺设 2 条滴灌带。因为要考虑草莓子苗生长的需水要求，在满足草莓种苗需水的前提下，2 条滴灌带要往畦中间铺设，相距 60 cm。由于早春北方的风比较大，容易把滴灌带刮乱，所以要用土在高畦上多压几下。

## 3 定植

### 3.1 营养钵苗定植

在定植草莓种苗前，先把滴灌打开，保证土壤湿润，有利于种苗成活。按 75～90 cm 的株距进行摆苗，把草莓苗放在高畦的两侧，用花铲定植。每亩定植 800～1 000 株。先用花铲在高畦的一侧挖一个和营养钵一样大的坑，把草莓从营养钵里取出来，放到坑里，然后用土把坑的缝隙填满，让苗子的土坨面和高畦土壤面一样平，不能定植过深把草莓苗的心叶埋住。做到“深不埋心，浅不露根”。定植高畦另一侧的时候，需要采用斜向眼的方式定植，以保证后期子苗生长所需的空间。

### 3.2 冷藏苗的定植

#### 3.2.1 解冻

由于冷藏苗是在冷库里存放的，存放的温度为－2～2℃，所以草莓苗处于结冰的状态。先往容器加入清水，按 3 000∶1 的量加入阿米西达，充分搅拌，把冷藏苗放入药水中进行杀菌，浸泡 10 min，然后捞出控干水分，准备定植。

#### 3.2.2 定植

冷藏苗为欧美品种，长势旺盛，株距应大一些，为 90 cm。冷藏苗根系是裸露的，比较长，用专用草莓叉定植，用叉子叉住种苗根尖部分往下用力叉，让种苗根茎部和高畦土壤一样平，同时也要做到“深不埋心，浅不露根”。也是采用斜向眼的方式定植。

## 4 浇水

草莓苗定植以后，要浇一次透水，滴灌时间为 5 h，以保证种苗的成活。还要检查滴灌带滴水是否正常，滴眼是否被杂物堵住，滴带是否破损。发现问题及时解决，保证滴灌带滴水顺畅。

草莓种苗成活后，由于早春温度低，土壤水分蒸发小，根据土壤墒情每隔 2～3 d 浇 1 次水，浇水时间不宜过长，防止土温低影响种苗根系的生长。

种苗抽生匍匐茎以后，需水量变大，浇水时间要长一些。每天都要把滴灌打开，一般开 3 h。如果下午发现上午浇水的畦面缺水，还要再把滴灌带打开浇水。

在雨季来临的时候，还要做好排水工作，及时地把雨水从田间排到外面，减少雨水浸泡草莓苗的时间，防止草莓炭疽病的发生。

## 5 掐花

草莓的种苗无论是营养钵苗还是冷藏苗，在早春定植以后都会抽生花序，进行开花结果。为了保证种苗的正常生长，减少养分消耗，发现种苗抽生花序要及时把花序掐掉。

## 6 追肥

在草莓种苗抽生匍匐茎以后，结合滴灌用自动吸水泵把肥水注入滴灌带里施入。肥料采用“圣诞树”速溶冲施肥，N、P、K 含量为还有尿素。每亩地施用 3 kg“圣诞树”，1 kg 尿素。把肥料加入 300 L 的大塑料桶内，加水充分搅拌，使肥料完全溶解，然后打开自动泵，把肥水注入滴灌带中进行施肥，等塑料桶内的肥水全部施入地里后，继续滴灌 2 h，使肥料均匀地分布在土壤中，每隔 20 d 施肥一次，当匍匐茎铺满畦面时，就不用再施肥了。

## 7 除草

杂草对草莓苗的影响非常大，一定要及时地清除。合理准确地使用化学除草剂能够有效地控制杂草的生长，降低工人的劳动强度。除草剂一定要在杂草刚刚生长出来，叶面积小的时候使用效果最好。杂草一旦长高长大，对除草剂就有了抵抗能力了，效果不显著，还要用人工去拔除。目前，草莓育苗上施用的除草剂种类很多，为了避免使用过程中产生药害，我们主要使用了甜菜安宁和精吡氟禾草灵2种，160 g/L 甜菜安宁乳油使用浓度为 350～400 mL/亩。15%精吡氟禾草灵乳油使用浓度为 80～100 mL/亩。甜菜安宁使用对象为马齿苋、苋菜、黎等。精吡氟禾草灵主要用于禾本科杂草的使用。

## 8 压蔓

当草莓种苗抽生匍匐茎以后，要及时用专用工具(塑料小叉子)或者牙签，在子苗长出根系的后面把匍匐茎固定住，或者用土把匍匐茎压住，让匍匐茎长根的地方与土壤直接接触，有利于扎根，当子苗大量抽生匍匐茎时，要把匍匐茎拉开距离摆好固定住，防止匍匐茎互相交叉，影响子苗扎根生长。

## 9 去除母株

当匍匐茎铺满整个畦面以后，为了给子苗提供更多的生长空间和营养，及时地把草莓种苗拔掉。在拔掉草莓种苗之前，先把连接子苗的匍匐茎用工具铲掉，防止拔掉母株时连同子苗一起拔出来，影响子苗的生长。拔掉母株以后，及时地把抽生的匍匐茎在腾出来的空间里进行压蔓，提高子苗的生长数量。

## 10 病虫害的防治

### 10.1 病害防治

草莓育苗期间的病害主要有：叶斑病、炭疽病、白粉病。

#### 10.1.1 叶斑病

叶斑病主要为害叶片，在发病初期，叶片上可见模糊的淡紫色斑点，病斑中央是浅褐色亮斑，病斑颜色较鲜亮，逐渐扩展斑点连片呈不规则紫褐色斑块。随着叶斑病的发展，病斑一起发展，占据了大部分的叶表面。叶斑病病菌以分生孢子借风雨传播，从伤口或气孔侵入，高温高湿条件下发病严重，育苗期雨季来临时有利于病害的流行。

发现草莓叶斑病应及时进行药剂防治，采取 25%阿米西达悬浮剂 1 500 倍液进行防治，选用 75%达科宁可湿性粉剂 600 倍液，或 10%世高水分散粒剂 1 500 倍液，或 80%大生可湿性粉剂 600 倍液，或 70%甲基托布津可湿性粉剂 500 倍液喷雾防治。

### 10.1.2 炭疽病

炭疽病是草莓育苗过程中一种为害非常严重的病害，可以导致草莓苗圃绝产绝收。病菌生长适温30℃左右，是典型的高温性病菌。炭疽病在发病初期，先是叶柄和匍匐茎上有茶褐色或黑色斑点，受侵染的茎有时被病斑环绕，叶片或整个子株便萎蔫。茎叶上病斑一般长3～7 mm，黑色，纺锤形或椭圆形，溃疡状，稍凹陷。

在雨季，要及时排除田间积水，雨后要及时打药，当气温升至25～30℃的盛夏高温雨季此病易流行。一般从7月中旬到9月底发病，气温高的年份发病时间可延续到10月份。连作田发病重，老残叶或氮肥过量植株柔嫩或密度大造成郁闭易发病，在田间病菌的分生孢子靠风雨传播。

不同草莓品种对炭疽病的抗性是有差异的。一般日系品种对炭疽病抗性比较差，如红颜、章姬。欧美品种对炭疽病抗性较强，如甜查理、阿尔比、叙利亚等。

炭疽病有潜伏期，防治应尽早进行，可选用80％福福锌可湿性粉剂500倍液，或25％咪鲜胺乳油1 500～2 000倍液，或10％苯醚甲环唑水分散粒剂1 500倍液，或45％五氯福美双粉剂500～800倍液，或40％中保炭息可湿性粉剂500～800倍液。

### 10.1.3 白粉病

白粉病是草莓育苗后期发生的病害，白粉病最明显的症状表现在叶部，最初的症状是叶缘向上卷曲，受害叶片朝下的一面有干燥的淡紫色或褐色斑，朝上的一面略变红色。白粉病主要依靠带病的草莓苗进行中远距离传播，而气候则有助于病菌孢子在田间的扩散蔓延。中等湿度至高湿度，15～27℃的温度有利于白粉病的发生与传播。为了控制白粉病，在病害有迹象要发生时就使用杀菌剂。可选用5％醚菌酯水分散粒剂3 000倍液，或4％四氟醚唑水乳剂1 500～2 000倍液，交替使用。

## 10.2 虫害防治

草莓育苗期间的虫害主要有：蛴螬、小地老虎、桃蚜。

### 10.2.1 蛴螬

蛴螬是鞘翅目金龟，甲总科幼虫的总称。蛴螬发生普遍，分布广，危害大，食性很杂，幼虫以草莓根、根茎、心叶为食。常常把根茎和心叶咬断，受伤的种苗萎蔫死亡，如田间发现蛴螬为害，可逐株检查，捕杀幼虫。也可用药剂防治，用50％辛硫磷乳油或40％乐果乳油1 000倍液随滴灌浇水时溶渗到草莓种苗根部，从而杀死害虫。

#### 10.2.2 小地老虎

小地老虎在草莓上主要以幼虫为害近地面经顶端的嫩心、嫩叶柄、幼叶及幼嫩花序，3 龄以后可咬断近地面的根茎部，造成死苗，如发现小地老虎为害，可逐株检查，捕杀幼虫。也可用药剂防治，用 50% 辛硫磷乳油 2 500 倍液或 40% 乐果乳油 1 000 倍液随滴灌浇水时溶渗到草莓种苗根部，从而杀死害虫。

#### 10.2.3 蚜虫

蚜虫常群聚在草莓种苗的心叶上繁殖，取食刺吸汁液，造成心叶皱缩卷曲、畸形，不能正常展叶，并且可传播病毒，危害严重。在草莓田发现要及时防治，10% 吡虫啉可湿性粉剂 3 000 倍液，或 4.5% 高效氯氰菊酯乳油 2 000 倍液喷雾防治。

## 11 起苗

北方地区日光温室促成栽培一般在 8 月底至 9 月上中旬定植草莓苗，根据起苗时间提前一天用滴灌把畦面浇湿，一方面有利于起苗，另一方面保持草莓苗体内水分的充足，防止运输过程中根系失水。选择无风，温度低，光照弱的时间进行起苗。起苗工具可用花铲、铁锹尽量做到少伤根，及时放到纸箱或用塑料袋包住根系，防止草莓根系失水萎蔫，选择茎粗 0.8 cm 以上，5～6 叶，生长良好，无病虫害的草莓子苗进行起苗。

如果作为冷藏苗，可以用机械沿着草莓高畦的沟进行起苗，可以大大提高起苗速度，机械起苗完后，人工进行挑拣、分级、修剪、包装、贮藏。

### 参考文献

[1] 雷家军，张运涛，赵密珍. 中国草莓. 沈阳：辽宁科技学技术出版社，2011.
[2]唐梁楠，杨秀瑗. 草莓良种引种指导. 北京：金盾出版社，2004.
[3] 张云涛，张国珍. 草莓病虫害概论. 2 版. 北京：中国农业出版社，2012.

# 嘉博文菌肥在草莓育苗中应用效果研究初探

高　丽　周明源　刘宝文　张　雷

（北京市昌平区农业技术推广中心，北京，102200）

**摘　要：**为了解决土壤连作障碍，探讨生物菌剂替代传统化学药剂对土壤进行消毒的方式，在昌平区兴寿镇鑫诚缘果品专业合作社试验研究嘉博文菌肥在草莓育苗中的应用效果。试验结果表明，在繁育子苗总数方面，底施腐殖酸抗重茬菌剂处理与常规对照相比降低了2.3%；土壤调理剂高碳肥处理与常规对照相比降低了30.2%。由此可见，底施腐殖酸抗重茬菌剂能够代替常规土壤消毒，应用于草莓育苗生产。

**关键词：**草莓育苗，嘉博文菌肥，株高，茎粗，子苗总数

草莓是蔷薇科草莓属宿根性多年生常绿草本植物，易栽培，结果早，果实鲜艳，浓郁芳香，是经济价值较高的天然高档食品，市场需求量极大，已成为世界小浆果类水果中最著名的品种，我国也已成为栽培草莓最多的国家之一[1]。草莓还有较高的药用和医疗价值[2]。繁殖优质壮苗是草莓优质高产的基础，苗质的好坏对浆果产量和品质的差异极显著，这对保护地促成栽培的草莓尤其重要，产量可相差50%以上[3]。因此，培育优质壮苗是草莓高产优质的基础[4]。草莓最忌重茬，重茬是草莓减产的主要原因之一。由于温室、大棚内轮作倒茬困难，为了确保优质、丰产以及减少药剂防治的次数，对于草莓连作或上一年种植过与草莓有共生病害的番茄、马铃薯、茄子的温室，在定植前都要进行土壤消毒。

为此我们在昌平区兴寿镇试验研究底施菌肥替代传统消毒方式在草莓育苗中的应用效果。

## 1　试验材料和方法

本试验于2013年在兴寿镇西新城村鑫诚缘果品专业合作社育苗大棚区22#棚进行。棚内种植区域一分为三，棚北部为处理一，小区面积130 $m^2$；中部

为处理 2，小区面积 130 $m^2$；棚南为处理 3，小区面积 130 $m^2$。处理 1～3 底肥水平一致。

### 1.1 试验设计

供试品种为章姬，底施有机肥 3 300 kg/亩（1 亩≈667 $m^2$），2013 年 5 月 9 日定植，株行距 40 cm×120 cm。试验共设 3 个处理，无重复。

处理 1：施用腐殖酸型抗重茬菌剂（有效活菌数≥2.0 亿/g，有机质含量≥60%，腐殖酸含量≥40%）400 kg/亩，均匀撒入后翻地。

处理 2：施用土壤调理剂高碳肥（有机质总量≥85%，有机质≥75%，易氧化有机质≥20%）400 kg/亩，均匀撒入后翻地。

处理 3：常规对照，育苗前进行常规消毒处理，施用硫黄粉 40 kg/亩；根泰 8 kg/亩；毒锌 2 kg/亩；多菌灵 2 kg/亩，所用菌剂均匀撒入棚内后翻地。

### 1.2 测定指标和方法

#### 1.2.1 草莓母株生长指标调查

每一处理选定 5 株草莓进行调查。分别在 8 月 7 日、8 月 19 日、8 月 28 日对选定的母株进行株高、茎粗、叶片数、抽生子苗总数进行调查记录。

#### 1.2.2 子苗生长指标调查

启苗后分别对每一处理选定的 5 株草莓母株抽生的子苗进行株高、茎粗、叶片数、根长、根条数、叶柄长进行测定，测定时一级子苗、二级子苗、三级子苗分别记录测定数据。

## 2 结果与分析

### 2.1 母株生长指标调查结果

通过表 1 至表 3 可以看出，3 次不同时期调查结果表明：母株株高方面，对照处理优于抗重茬菌剂优于高碳肥；茎粗和侧芽数方面抗重茬菌剂处理最低；叶片数和母株抽生匍匐茎条数方面对照优于高碳肥优于抗重茬菌剂；子苗总数方面常规对照最高，后期抗重茬菌剂优于高碳肥。试验结果表明：①底施抗重茬菌剂和土壤调理剂高碳肥均能代替常规土壤消毒，使草莓母株正常生长，生育期内无明显病虫害；②在抽生匍匐茎条数与繁育子苗总数方面，常规对照处理繁育子苗总数最高，抗重茬菌剂基本与对照持平，高碳肥表现最差。

**表 1 2013 年 8 月 7 日调查结果**

| 处理 | 株高/cm | 茎粗/cm | 侧芽数 | 叶片数 | 匍匐茎条数 | 子苗总数 | 病虫害 |
|---|---|---|---|---|---|---|---|
| 抗重茬菌剂 | 29.6 | 2.106 | 0 | 10 | 8 | 21 | 无 |
| 高碳肥 | 27.4 | 3.481 | 1 | 14 | 12 | 21 | 无 |
| 对照 | 32.0 | 3.456 | 1 | 16 | 13 | 27 | 无 |

**表 2 2013 年 8 月 19 日调查结果**

| 处理 | 株高/cm | 茎粗/cm | 侧芽数 | 叶片数 | 匍匐茎条数 | 子苗总数 | 病虫害 |
|---|---|---|---|---|---|---|---|
| 抗重茬菌剂 | 26.6 | 1.934 | 0 | 9 | 9 | 25 | 无 |
| 高碳肥 | 25.2 | 2.813 | 1 | 13 | 11 | 25 | 无 |
| 对照 | 28.0 | 2.922 | 1 | 16 | 14 | 31 | 无 |

**表 3 2013 年 8 月 28 日调查结果**

| 处理 | 株高/cm | 茎粗/cm | 侧芽数 | 叶片数 | 匍匐茎条数 | 子苗总数 | 病虫害 |
|---|---|---|---|---|---|---|---|
| 抗重茬菌剂 | 27.0 | 1.397 | 0 | 9 | 11 | 42 | 无 |
| 高碳肥 | 25.0 | 1.829 | 1 | 13 | 12 | 30 | 无 |
| 对照 | 28.4 | 1.722 | 1 | 16 | 14 | 43 | 无 |

## 2.2 子苗生长指标调查

### 2.2.1 子苗株高

调查结果表明：与对照相比，抗重茬菌剂处理中，一级子苗、二级子苗、三级子苗株高均高于对照 6.0 cm 以上；高碳肥处理与对照值基本持平(表 4、图 1)。

**表 4 子苗株高调查结果** cm

| 项目 | 抗重茬菌剂 | 高碳肥 | 对照 |
|---|---|---|---|
| 一级子苗 | 31.4 | 25.4 | 25.4 |
| 二级子苗 | 31.4 | 25.3 | 25.5 |
| 三级子苗 | 31.6 | 24.5 | 24.9 |

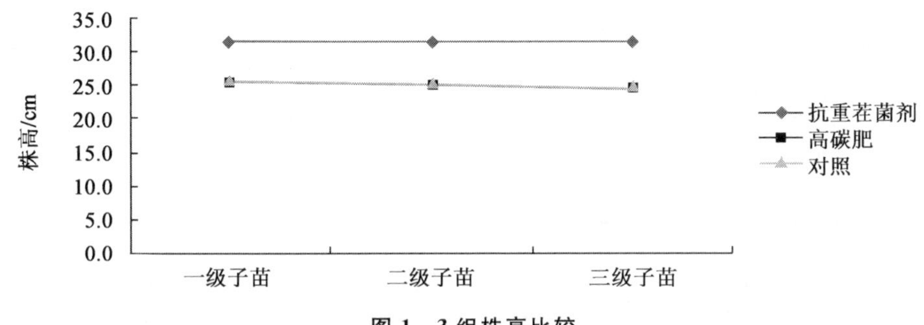


**图 1　3 组株高比较**

### 2.2.2　子苗茎粗

调查结果表明：一级子苗与二级子苗茎粗方面，抗重茬菌剂优于对照优于高碳肥；三级子苗高碳肥优于抗重茬菌剂优于对照（表 5、图 2）。

**表 5　子苗茎粗调查结果**　　cm

| 项目 | 抗重茬菌剂 | 高碳肥 | 对照 |
|---|---|---|---|
| 一级子苗 | 1.374 | 1.136 | 1.205 |
| 二级子苗 | 1.088 | 0.938 | 0.986 |
| 三级子苗 | 0.914 | 0.955 | 0.795 |

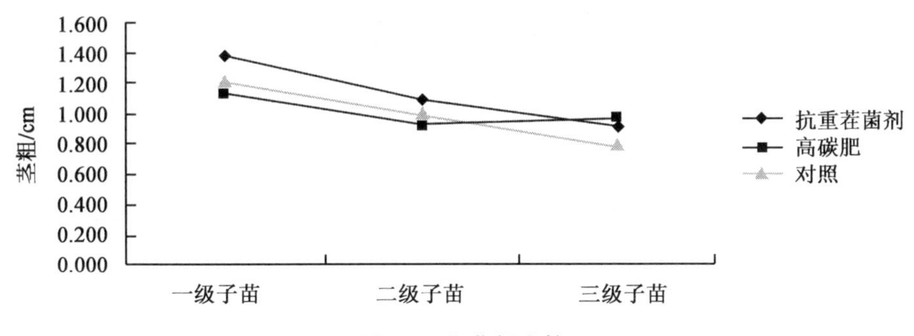


**图 2　3 组茎粗比较**

### 2.2.3　子苗叶片数

调查结果表明：抗重茬菌剂和常规对照处理优于高碳肥处理，一级子苗、二级子苗、三级子苗均比高碳肥处理多 1 片叶（表 6、图 3）。

表 6　子苗叶片数调查结果

| 项目 | 抗重茬菌剂 | 高碳肥 | 对照 |
|---|---|---|---|
| 一级子苗 | 7 | 7 | 7 |
| 二级子苗 | 6 | 5 | 6 |
| 三级子苗 | 5 | 4 | 5 |

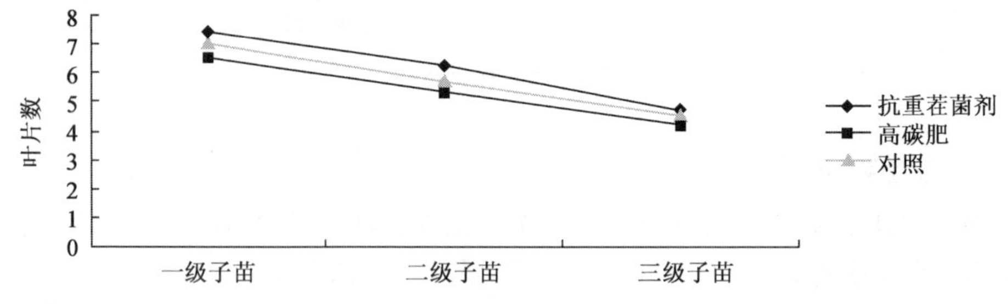


图 3　3 组叶片数比较

### 2.2.4　子苗根条数

调查结果表明：与对照根条数相比，抗重茬菌剂处理中，一级子苗、二级子苗、三级子苗均为最高，高 3～7 条；高碳肥处理一级子苗、二级子苗、三级子苗比对照值高 2～4 条（表 7、图 4）。

表 7　子苗根条数调查结果

| 项目 | 抗重茬菌剂 | 高碳肥 | 对照 |
|---|---|---|---|
| 一级子苗 | 20 | 19 | 17 |
| 二级子苗 | 19 | 15 | 12 |
| 三级子苗 | 13 | 13 | 8 |

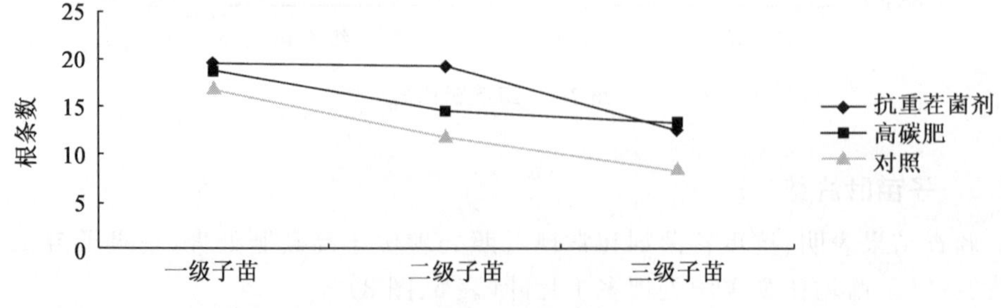


图 4　3 组根条数比较

### 2.2.5 子苗总数

调查结果表明：与对照子苗数相比，抗重茬菌剂处理中，子苗总数达到 42 株，比常规对照低 2.3%；高碳肥处理子苗总数为 30 株，低于对照值 30.2%（图 5）。

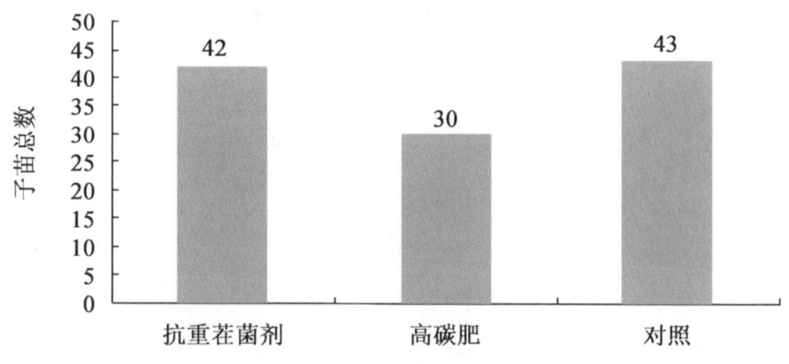


图 5 子苗总数调查结果

## 3 结论与讨论

①通过底施嘉博文公司腐殖酸型抗重茬菌剂和土壤调理剂高碳肥均能代替常规土壤消毒方式，使草莓母株正常生长，生育期内无明显病虫害。

②试验数据表明：繁育出的子苗在株高、叶片数、根条数、子苗总数等方面优于常规土壤消毒处理。

③由于试验安排较晚，试验区域有限，本次试验没有设置重复区，仅 1 年数据，还需通过多重复、多年、多地区试验结果来验证本次试验结果的可靠性。

### 参考文献

[1] 雷家军. 我国草莓生产现状与展望. 中国果树，2001(1)：49-51.

[2] 唐梁楠，杨秀瑗. 草莓优质高产新技术. 北京：金盾出版社，2014.

[3] 唐梁楠，杨秀瑗. 草莓良种引种指导. 北京：金盾出版社，2011.

[4] 朱立新. 草莓园艺工培训教材. 北京：金盾出版社，2008.

# 昌平区兴寿镇秦城村草莓种植现状分析

周向东　高　丽　周明源

（北京市昌平区农业技术推广中心，北京，102200）

## 1　基本情况

秦城村位于昌平区兴寿镇西北部，地处燕山脚下，毗邻京密引水渠，距县城15 km处，交通方便，一条铁路从村口穿过，相邻象房、麻裕村、东庄村，交通便利，有昌59、870、80、31等公交车，村里基础设施完善，电力充足，交通便利，自来水、光纤、网络、有线电话、天然气等齐全，全村共有农户856户，总人口2 100人，劳动力1 026人，党支部共有党员110名，村民代表51人。总耕地面积13 048亩。2011年总收入7 037万元，人均收入9 690.6元。农民收入主要为粮食、果林、草莓、劳务输出等。

## 2　草莓种植情况

2013—2014年，秦城村草莓种植户16户，大棚40栋，其中本村村民种植26栋，转租14栋。种植年限3～5年不等。

### 2.1　地力情况

通过对21栋大棚0～20 cm进行取土检测，土壤养分碱解氮平均含量为176.3 mg/kg，速效磷289.7 mg/kg，速效钾428.6 mg/kg，地力水平处于高级水平。具体养分见表1。

### 2.2　种植品种和种苗来源

种植品种全部为红颜。种苗来源除1户为自育苗，其余为外购种苗，主要来源为华耐、浙江、万德园、丹东、西新城等地，种苗来源比较广泛，没有统一的育苗基地，种苗品质良莠不齐。自育苗农户由于育苗地没有进行土壤消毒处理，致使种苗种植后根腐病发生严重并造成30%左右的死苗，对产量影响很大。

表 1 2014 年兴寿镇秦城村土壤养分测定结果

| 取样地点 | 深度/cm | 碱解氮/(mg/kg) | 有效磷/(mg/kg) | 速效钾/(mg/kg) | pH | EC 值/(μS/cm) |
|---|---|---|---|---|---|---|
| 宋增义 2 棚 | 0～20 | 170 | 385.0 | 387 | 7.27 | 230.0 |
| 宋增义 5 棚 | 0～20 | 368 | 433.0 | 643 | 7.02 | 735.0 |
| 赵文品 | 0～20 | 115 | 159.5 | 169 | 7.47 | 147.6 |
| 王勤 | 0～20 | 140 | 221.0 | 291 | 7.24 | 269.0 |
| 宋全林中棚 | 0～20 | 188 | 340.5 | 446 | 7.28 | 456.0 |
| 宋全林后棚 | 0～20 | 148 | 261.5 | 411 | 7.25 | 534.0 |
| 刘庆桂 | 0～20 | 152 | 277.5 | 504 | 7.57 | 240.0 |
| 李泽红 | 0～20 | 129 | 185.5 | 416 | 7.09 | 1 150.0 |
| 宋长泉 | 0～20 | 222 | 326.5 | 565 | 7.10 | 381.0 |
| 宋亚鹏 | 0～20 | 121 | 160.5 | 441 | 6.96 | 370.0 |
| 杨长青 | 0～20 | 134 | 282.0 | 274 | 7.17 | 254.0 |
| 杨长友 | 0～20 | 167 | 295.0 | 346 | 7.70 | 140.4 |
| 于邵明 1 棚 | 0～20 | 246 | 400.0 | 636 | 7.21 | 221.0 |
| 于邵明 2 棚 | 0～20 | 208 | 392.5 | 549 | 7.28 | 266.0 |
| 赵淑玲 | 0～20 | 136 | 225.5 | 260 | 6.94 | 569.0 |
| 平均值 | 0～20 | 176 | 289.7 | 423 | 7.24 | 397.5 |

## 2.3 施肥情况

### 2.3.1 底肥

底肥全部采用有机肥＋复合肥的施肥模式，每棚平均施用商品有机肥 3.5 t，施用自制有机肥的农户平均每棚 5.0 $m^3$；复合肥平均每棚施用 25 kg。有机肥品种以鸡粪、牛粪为主。复合肥采用高浓度(15∶15∶15)复合肥。

### 2.3.2 追肥

追肥施用品种较多，以圣诞树、硝酸钙、硝酸钾、高钾王等品种的水溶肥为主，少数农户追施复合肥。平均 10 d 左右进行 1 次追肥，追肥数量平均每棚 2.25 kg。

## 2.4 产量及效益情况

平均亩产量 1 450 kg，销售价格每千克 22 元，亩收入 31 900 元；扣除棚膜、地膜、肥料、种苗、水电费等各项费用，平均每亩纯收入 21 200 元。

## 3 存在问题

①地理位置影响。秦城村地处运河北岸，距离草莓大会主会场稍远，观光采摘受到影响。

②种植规模小。全村只有 16 户种植草莓，50%的种植户大棚远离主干道，并且 40 栋大棚位置分散，种植作物单一，农户经营模式单调。没有形成规模种植，只有 4 户在棚内种植了蔬菜，1 户在棚外进行了柴鸡的养殖。

③管理水平。40 栋大棚的种植户平均年龄在 55 岁左右，个别种植户年龄接近 70 岁，只有 1 户年龄在 30 岁左右，种植水平经营理念相差悬殊，导致农户之间收益差异较大。

④缺乏统一的管理。

# 昌平区草莓良种苗标准化生产必要性分析及思路

高　丽

（北京市昌平区农业技术推广中心，北京，102200）

**摘　要：**草莓种苗供应与质量是草莓产业发展的根基。发展草莓良种苗标准化生产，能够从根本上解决区域内种苗资源不足，种苗质量无保障的重要问题。发挥龙头企业示范带头作用，实现良种苗繁育标准化，是昌平草莓产业稳步发展的重要保障。

**关键词：**草莓种苗，标准化，生产，必要性，思路

“昌平草莓”是一个品牌，2010 年获批为地理标志保护产品。2013—2014 季，昌平区设施草莓栽种数量已达到 5 000 余栋，按每栋日光温室栽植草莓苗 4 000 株计算，昌平区 2013 年的草莓苗需求量为 2 000 万株。因此，如何提供优质充足的草莓种苗是制约昌平草莓产业发展的瓶颈，也是草莓产业的重中之重。草莓的种苗生产传统上采用匍匐茎繁殖，而长期使用无性繁殖方法，草莓经过几代繁殖之后，容易感染多种病毒病，出现叶片皱缩、果实畸形、品质变劣、产量下降、植株生长缓慢等种性退化现象，并逐年加重[1]。昌平区发展草莓良种苗标准化生产，保证良种苗的本地供应，让种植户用上放心苗，是昌平区草莓产业发展的重要前提与保障。

## 1　必要性分析

### 1.1　种苗需求量大，种苗来源单一

昌平区设施草莓已有十余年的栽培历史，设施栽培面积大，种苗需求量大。昌平区草莓种植户选购的种苗以浙江苗源、本地苗源为主，其中浙江苗占 50%以上。主要原因是浙江苗价格相对便宜，本地苗相比起来并没有表现出更多的质量优势。种苗质量好坏在草莓生长过程中起到至关重要的作用，选择优质壮苗是草莓优质高产的基础。草莓的产量，是由花序数、开花数、等级果率、果实大小和总株数等因

素构成的，而这些因素与植株的营养状况和生长发育状态，有着密切的关系。目前，昌平草莓种植者普遍面临买好苗难的问题，并呈现逐年严重的趋势。分析原因主要包括全国草莓种苗企业杂化，一些育苗企业繁育的种苗质量并无保证；本地育苗企业生产量不能满足全区购苗需求。缺少草莓种苗质量控制标准。

### 1.2 种苗质量存在问题

目前，在草莓生产中对于草莓种苗质量还缺少相应的控制标准。由于生产上草莓的病毒病发病非常严重。至今为止，对草莓病毒病还没有有效的防治方法，只能通过培育无病毒苗或控制病毒传播途径 2 种方法。实践证明，采用无病毒苗生产草莓，是解决病毒病危害的有效方法。随着草莓产业的发展，应着力推广草莓脱毒苗的应用。目前，昌平区草莓种苗繁育公司生产出的草莓种苗质量良莠不齐，且仍然缺少草莓良种苗标准化生产制度体系以及种苗质量鉴定机制。并且，每年生产出的种苗达不到全区供应需求，种苗质量也得不到保证，导致大多数种植户仍然选择外地苗源。

因此，昌平区组织建立草莓良种苗标准化生产体系，一方面从根本上解决草莓种苗的本地供应问题，另一方面能够消除种植户买不到好苗的后顾之忧。

## 2 发展思路

### 2.1 建立组培无病毒原种苗繁育体系

草莓长期使用无性繁殖方法会使草莓品种退化，病毒感染严重[2]。我国已鉴定明确的草莓病毒有 4 种，即草莓斑驳病毒（SMOV）、草莓轻型黄边病毒（SMYEV）、草莓皱缩病毒（SCRV）和草莓镶脉病毒（SVBV）[3]。因此，如何提供优质充足的草莓种苗是制约昌平草莓产业发展的瓶颈。我国草莓组织培养与脱毒技术的研究历史悠久，早在 20 世纪 80 年代，贾兰英等（1981，1988）建立了草莓茎尖离体繁殖体系，之后又通过热处理与微茎尖培养相结合的方法获得了草莓 100％脱毒苗植株。高山林（2000）用改良的热处理——微茎尖培养脱毒技术获得了草莓 100％无毒再生植株。植物组织培养技术应用于草莓生产，不仅在较短的时间内提供了大量的无毒健壮的草莓种苗，而且还能有效地培育出抗病高产的良种，也为草莓优良种质资源的保存提供了有效途径[4]。昌平区育苗企业，目前脱毒苗应用率很低，但不少生产者已经有了脱毒苗的应用意识。因此，昌平区建立由组培试管苗繁育无病毒原种、生产用苗，到无病毒母株保存的完整繁育体系，是良种苗标准化生产的必要前提。由于草莓组培脱毒育苗技术需要较高的技术基础，建议考虑合作建立试验示范基地，以向全区良种苗繁育基地提供脱毒原种苗进行繁育。

## 2.2 保证种苗质量，加强技术服务支持

组建一支专业的技术队伍来服务于草莓良种苗标准化生产。专门的技术人员定点服务于种苗繁育基地，攻克草莓育苗生产过程中的技术难题，制定并完善适合昌平区草莓种苗生产繁育技术体系，保证良种苗的质量安全。

一是草莓脱毒原种苗的培育与保存。建议昌平区各级政府给予技术上的支持，安排组织相关专家指导生产，使昌平区自己真正拥有草莓组培脱毒技术，让草莓生产者用上“自己的”脱毒苗。二是运用脱毒原种苗作为母株进行大田繁育阶段，也应组建核心专家团队，给予育苗者技术指导或集中培训，逐步提高生产者的技术理论水平与实际操作能力。综上所述，通过技术服务支撑，逐步规范昌平区草莓良种苗育苗企业，努力实现全区草莓良种苗繁育的标准化生产。

## 2.3 加强对标准化生产示范基地的培育

一是大力发展以农户为基础、基地为依托、企业为龙头的良种苗标准化生产经营模式，形成昌平区种苗繁育产业链共同发展的格局。二是鼓励良种苗标准化生产企业与草莓种植户形成稳定的产销关系，更好地发挥龙头企业的带动作用。三是积极扶持合作社等农民专业合作经济组织的发展，提高草莓育苗产业的组织化程度。四是鼓励采取流转、出租、股份合作等多种形式，适度规模流转土地、设施，实现育苗产业相对集中，便于集中管理与服务，推进规模化生产。

## 2.4 加大扶持力度

将昌平区草莓良种苗标准化生产体系发展放在草莓科技产业发展的战略高度给予大力扶持。一是加大草莓良种苗标准化生产基地保护力度，建议实行补偿机制，制定补偿标准，鼓励生产。二是加大标准化生产基地建设力度，建议各级政府整合农业相关项目用于良种苗标准化育苗基地建设。

为引导农民、企业以及社会力量投入草莓产业，昌平区已经出台了一系列的鼓励政策。对农民生产需要的各种生产资料，如基施生物菌肥、农药、肥料、种苗等，政府都给予一定的补贴。

## 2.5 加强宣传引导

充分发挥草莓良种苗标准化生产示范基地的引领带动作用，组织其他企业或农民观摩学习，扩大示范辐射面和影响力。引导草莓种植者使用无毒良种苗进行栽种生产。加大相关部门及媒体的宣传力度，及时总结与推广好经验、好技术，形成全昌平区关心、积极参与的草莓良种苗标准化生产建设的良好氛围，为昌平区草莓产业的突破发展提供技术保障。

## 参考文献

[1] 王国平,刘福昌,王焕玉,等.苹果葡萄草莓病毒病与无病毒栽培.北京:中国农业出版社,1993.

[2] 何欢乐,阳静,蔡润,等.草莓茎尖培养快繁体系研究.上海交通大学学报:农业科学版,2003,21(S):61-65.

[3] 王玉英,高新一.植物组织培养技术手册.北京:金盾出版社,2006.

[4] 刘振祥,廖旭辉.植物组织培养技术.北京:化学工业出版社,2008.

# 昌平区草莓生产中应用的几种设施装备和新技术

王尚君　李彦君　朱海晨

（北京市昌平区农机化技术推广站，北京，102200）

**摘　要：**近几年来，随着昌平区草莓产业的不断壮大，设施装备在草莓生产中起到了重要的作用，许多作业环节实现了机械化。例如温室电动卷帘机、温室自动控温设备、温室电除雾促生防病技术、补光设备等，不但为草莓提供了良好的生长环境，还很大程度降低了草莓种植户的生产劳动强度，提高了工作效率。

**关键词：**设施装备，新技术，草莓生产

近几年来，随着昌平区草莓产业的不断壮大，设施装备在草莓生产中起到了重要的作用，许多作业环节实现了机械化，例如温室电动卷帘机、温室自动控温设备、温室电除雾促生防病技术、补光设备等等，不但为草莓提供了良好的生长环境，更很大程度降低了草莓种植户的生产劳动强度，提高了工作效率，使草莓生产劳动成为了一项体面的工作。以下为大家介绍在昌平区草莓温室中应用的设施装备和新技术。

## 1　温室环境调控技术

### 1.1　日光温室自动控温设备

日光温室自动控温设备（图 1）可根据草莓不同时期、不同生长阶段，设定适宜温度区间，当温度高于或低于设定温度区间时，设备可自动开关风口（图 2），同时排风系统启动降温，保证室内的温度达到理想要求，为草莓提供良好的生长环境。同时，开闭风口实现机械化作业，减少农户生产劳动强度，省工、省力。另外，自动开关风口，温室内、外空气进行交换，室内有害气体及时排出，增加了室内二氧化碳浓度，满足草莓进行光合作用。室内温度相对稳定，作物生产环境适宜，提高抗病能力。此外降温的同时也降低了室内湿度，减少了病虫害及腐烂果的发生概率，降

低了农药用量，降低了产品农药残留，提高了草莓品质。目前，该设备在昌平区种子管理站基地，草莓博览园、万德园等基地应用，效果令用户满意。

图 1　日光温室自动控温设备

图 2　风口自动开关效果图

## 1.2　温室电除雾防病促生技术

温室电除雾防病促生技术是一种能同时解决设施病害和生长速度问题的新技术，它能够有效地解决设施草莓生产中遇到的多种生理性问题，可作为草莓生产的安全保障技术系统。它能够建立促进草莓光合作用、增强根系吸收能力、提高生长速度的空间电场；能够产生臭氧、空气氮肥、带电粒子用于温室草莓病害的防治；能够进行空间电场与二氧化碳同时补充，快速促进草莓生长并提高果实和产量。目前，该项技术在昌平区种子管理站基地、市种子管理站基地和草莓博览园试验，经验证，应用温室电除雾防病促生设备(图 3)的温室，湿度下降约 5%，有效地减少了草莓病虫害的发生，得到了用户的肯定。

图 3　3DFC-450 温室电除雾防病促生系统

# 2 物理增产技术

## 2.1 补光技术

草莓为喜光植物，但又有较强的耐阴性。光强时植株矮壮、果小、色深、品质好。中等光照、果大、色淡、含糖量低，采收期较长；光照过弱不利草莓生长。但在我国北方冬季，阴霾等气候经常造成草莓光照不足，从而限制草莓生长，影响草莓品质。人为的创造光源也同样可以让草莓完成光合过程（图 4 和图 5），科学家发现蓝光区和红光区十分接近植物光合作用的效率曲线，为草莓生长的提供最佳光源，促进草莓的光合作用，从而缩短草莓生长周期，提高草莓品质和产量，减少因光照不足给农户造成的经济损失。目前，补光技术已经在我区草莓博览园、昌平区种子管理站基地、市种子管理站基地、万德园、鑫城园试验，应用效果用户满意。

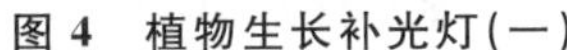

**图 4　植物生长补光灯(一)**

**图 5　植物生长补光灯(二)**

## 2.2 二氧化碳增产技术

二氧化碳是草莓生长所需的最基本的要素之一，在适宜的温度和光照条件下，草莓利用二氧化碳和水合成有机物，再将有机物转化成人类所需的营养物质。增加草莓生长环境中的二氧化碳浓度，将极大地增加草莓的产量，并能明显提高草莓的品质。二氧化碳发生器（图 6）是一种可以提高空气中二氧化碳气体浓度，增加植物光合作用强度，使幼苗健壮，缩短生长期，提高作物产量，增加作物营养及品质，提高作物抗病抗侵蚀能力的、理想的、科学的温室产品。目前，该项技术在昌平区种子管理站基地、市种子管理站基地进行试验，应用效果用户较满意。

# 3 省力机械化技术

## 3.1 温室卷帘机

温室卷帘机（图 7）用于温室大棚的保温被、草帘的自动卷放，能很大程度减轻劳动强度，达到省时省力的目的。目前昌平区 8 000 栋草莓日光温室全部安装了电动卷帘机。使用的卷帘机基本上有 2 种。一种是“前屈伸臂式样”包括主机、支撑杆、卷杆三大部分，支撑杆有立杆和横杆构成，立杆安装在大棚前方地桩上，横杆前端安装主机，主机两侧安装卷杆，卷杆随棚体长短而定；另一种是“后卷轴式”（后墙式）包括主机、卷杆和立柱三大部分，一般在苫子前端还装上芯轴，主机转动卷轴，卷轴带动每根绳索，绳索间隔一般 2～3 m。

图 6 CR 型二氧化碳发生器

图 7 前屈臂式温室卷帘机

使用安装卷帘机的用户，能很大程度减轻体力劳动强度，使用户从繁重、紧张、辛苦的劳动环境中解脱出来，节省时间、精力去干更重要的工作。原人工拉草帘费工费力，50 m 温室 1 个人工作 1 h 左右，现电动卷帘工作时间不到 10 min。

## 3.2 轨道省力运输设备

该设备是根据设施农业主要以日光温室为主，室内空间相对狭小的实际情况，开发出的一种适用于温室运输的设备，它可以解决温室作物收获环节完全人工采摘运输的问题，减轻了工人的劳动强度。轨道省力运输设备分为自走式和手拉式2种，自走式设备(图8)在地上安装有双排轨道，根据工人劳动需要设定目标，人工控制后不用工人随行，设备到达指定目的地后自行停止。手拉式设备(图9)在固定的过程中，所有连接点都设计在了温室自身的钢结构上，不需要另外在温室内安装其他结构。其工作时能够覆盖整个温室面积，采用软连接、手动方式，在运输的过程中可以在左右方向适当偏移，能有效躲开障碍物，有利于狭小空间内的通行。另外，在不使用时，可以方便将小车从轨道上取下，节省空间。

图8　自走式轨道运输设备

图9　手拉式轨道运输设备

# 4　其他新技术

## 4.1　卷帘机防过卷智能控制系统

卷帘机防过卷智能控制系统适用于已安装的顶卷式、侧卷式和在温室顶部拉卷式三相电卷帘机，具有安全、省时、省事、省工省钱等优点。主要功能有：遥控功能：在50～100 m范围通过遥控器(图10)控制卷帘机卷起、放下；中间随时停顿等功能。定时自动功能：在规定时间，自动控制卷帘机卷起、放下保温帘，不需要人员看守。手动功能：通过按钮，控制卷帘机卷起、放下。自动停止功能：当保温帘到达指定位置，卷帘机自动停止，保证保温帘不会过卷(图11)。该系统在昌平区种子管理站基地、市种子管理站基地和草莓博览园试验应用，经验证无保温帘过卷现象发生，并且实现自动控制(图12)，在保证了人身安全的同时，节省了人工，降低生产劳动强度，得到了用户的肯定。

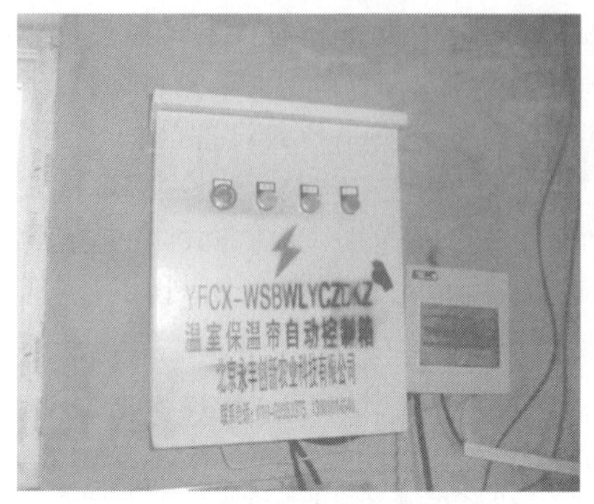


图 10　温室保温帘自动控制箱

图 11　防过卷智能控制器触点

图 12　保温帘摇控

## 4.2　日光温室自动控温远程控制系统

日光温室自动控温远程控制系统(图 13 至图 15)具有如下功能:①能自动或远程控制大棚的温、湿度,避免人工操作的不及时,使保温、降温更及时,更精细;作物产量、品质更高;②能切实减轻农户的工作强度,能让用户形成依赖。③在目前从事农业生产的青壮劳力越来越少的大环境下,对于有一定规模的大棚种植企业或园区来说,本系统不仅可以减少企业的用工,同时可降低管理者的劳动强度,提高管理效率。④本系统全部采用无线自组网的方式,没有通讯费,没有服务费,成本最优;同时所有数据直接进入自己管理的系统,安全可靠。⑤本系统有方便的大棚档案功能,不仅可以记录温、湿度数据,还可以记录大棚种植日志;能帮助企业进行技术分析,不断提高种植技术。⑥本系统设备充分考虑农村电网的特点,有

220 V 的交流检测，电压过高、过低或停电有提示及保护；同时有非常好的抗雷击能力。⑦本系统的开窗机有负载过大或堵转保护。

图 13　日光温室自动控温远程控制系统

图 14　智能控制器

图 15　无线温度传感器

# 5　小结

综上所述，先进的设施装备和新技术在草莓生产中的很多环节都发挥出了重要的作用，无论是在温室环境调控、物理增产技术应用、省力机械化作业和其他方面，还是应对目前农业生产劳动力紧缺、农业劳动力老龄化问题，自动设施装备和省力机械化技术承担起越来越重要的角色。同时，转变从事农业生产就等同于又脏又累的体力活的观念，使农业从业者成为一种体面的工作，从而吸引更多的年轻人从事农业工作。

# 浅谈设施草莓立体栽培技术发展现状及存在问题

焦书磊

（北京市昌平区农业技术推广中心，北京，102200）

**摘　要**：本文阐述了草莓及设施草莓立体栽培技术在国内外及北京市昌平区的发展状况，包括草莓种植品种、栽培模式、设施草莓立体栽培在日本的起源及发展、设施草莓立体栽培的优缺点，以及设施草莓立体栽培引入国内后，国内相关科研工作者的研究成果。其次，讲述了设施草莓立体栽培的几个关键技术环节，包括：光照、温度、基质，以及当下较适宜的解决方案。最后，结合北京市昌平区设施草莓立体栽培模式生产实际，浅谈当前设施草莓立体栽培存在的问题及解决对策。

**关键词**：草莓，立体栽培，“H”形架

**Abstract**: This paper expounds the strawberry and facility strawberry stereoscopic cultivation technology at home and abroad and the development of changping district of Beijing, including strawberry planting varieties, cultivation mode, establishment of strawberry stereoscopic cultivation in Japan′s origin and development, establishment of strawberry stereoscopic cultivation, the advantages and disadvantages of strawberry stereoscopic cultivation and facilities after the introduction of domestic, domestic related research achievements of scientific research workers. Second, about the facilities, and the key techniques of strawberry stereoscopic cultivation link, include light, temperature, substrate, and the present a suitable solution. Finally, combining the reality of Beijing changping district facilities three-dimensional cultivation mode of strawberry production, the introduction to the current problem of facility strawberry stereoscopic cultivation in our country and countermeasures.

**Key words**: Strawberry, Stereoscopic cultivation, “H” shape

众所周知，设施草莓立体栽培较传统地栽相比，具有诸多优势。如：提高空间利用率、克服连作障碍、减少劳动时间和强度、适合观光采摘等。毋庸置疑，立体栽

培是设施草莓的发展趋势。近年来,关于草莓立体栽培的研究在国外有很多报道,国内相关研究还较少。研究的出发点主要集中在开发出省力、高空间利用率的设施模式上,摸索出的立体栽培模式种类繁多。无论哪种模式,共同点都是高额投入。因而,现有草莓立体栽培模式适合于有规模的农业企业,不适合于资金有限的普通农民。而我国当前农业生产实际是,一家一户的小农生产仍然占主导地位。因此,探索出让普通农民种植户敢于用、用得起、用得好的草莓立体栽培模式尤为重要。

# 1 世界草莓发展状况

草莓,蔷薇科,草莓属多年生草本植物,原产于南美,适应性强,广泛种植于世界上绝大多数国家和地区。草莓果实以外观艳丽、味道鲜美、营养丰富而著称,尤其含有丰富的维生素 C,素有"水果皇后"之美誉。

## 1.1 国外草莓发展状况

草莓在世界小浆果生产中居于首位。世界草莓种植面积在 20 世纪逐年增长,2000 年为 25.04 万 $hm^2$,比 1961 年的 9.41 万 $hm^2$ 增长 166%,平均每年增长 0.39 万 $hm^2$。进入 21 世纪,面积趋于平稳,2009 年为 25.39 万 $hm^2$。但草莓总产量一直呈上升趋势,2009 年产量为 413.24 万 t,比 2001 年增长 28.33%。草莓的分布范围很广,全球五大洲均有草莓生产,世界粮农组织(FAO )2009 年统计数据显示:面积最大的洲为欧洲,占 63.8%,其次为美洲、亚洲、非洲、大洋洲,分别占 16.5%、12.8%、6.3%、0.8%。草莓种植面积前 3 位的是波兰、美国和俄罗斯,总产量前 3 位的是美国、土耳其、西班牙。美国单产最高,为 54.062 8 t/$hm^2$。其次为摩洛哥(43.333 3 t/$hm^2$),而世界草莓平均单产为 16.275 5 t/$hm^2$。前 10 位草莓生产国的面积和总产量分别占世界草莓总面积和总产量的 66.18%和 70.33%。草莓的进出口贸易量较大,根据 FAO 统计资料表明,2008 年世界草莓出口量约为 61.6 万 t,出口额超过 17.4 亿美元,主要出口国家有西班牙、美国、墨西哥等;世界草莓进口量 64.6 万 t,进口额近 18.4 亿美元,主要进口国家有法国、加拿大、德国等[1]。

## 1.2 国内草莓发展状况

经过近 30 年的发展,中国草莓种植面积已从 1985 年的 0.33 万 $hm^2$ 增加至 2009 年的 9.01 万 $hm^2$,总产达 220.6 万 t,占世界总产比达 35.7%,成为世界草莓生产第一大国。国内草莓平均单产 24 t/$hm^2$,高于世界平均水平,但与世界草莓高产大国美国、摩洛哥相比,仍不足其单产水平的 1/2。国内草莓主产区主要分布在河北、山东、辽宁、江苏和安徽等地，5 省草莓种植面积占全国草莓总面积比例分别为 16.21%、15.37%、11.28%、9.48%和 8.40%；单产水平来看，山东和辽宁单产相对较高，分别达到 34.2 t/hm$^2$ 和 33.15 t/hm$^2$。根据相关数据统计，2007 年中国草莓鲜果消费总量约为 177 万 t，产量及加工量数据均采用统计年鉴数据，产量 187.1 万 t，进出口分别为 722 t 和 970 t[2]。

### 1.3 国内外草莓栽培方式和主栽品种

草莓栽培主要以露地栽培、保护地促成栽培 2 种方式为主，保护地栽培设施有塑料大棚、小型拱棚、日光温室、玻璃温室等。草莓主要生产大国如美国、波兰、俄联盟、德国、土耳其等欧美国家以露地栽培为主。日本保护地栽培面积占总面积的 95%以上，西班牙以小拱棚栽培为主，中国地域辽阔，露地栽培与保护地栽培并存，保护地栽培北方以日光温室促成栽培和塑料大棚半促成栽培为主。南方以塑料大棚促成栽培或半促成栽培主。

世界草莓栽培品种随着品种改良的进步而不断更新，美国加州选育的品种卡麦罗莎栽培比较广泛，不仅在美国，而且在西班牙、土耳其、埃及、澳大利亚等国栽培，我国北方也有栽培，表现为果大、质地细密、硬度好、耐贮运、口味甜酸、丰产性强、较抗白粉病和灰霉病、休眠期浅。森加·森加拉在波兰为主栽品种，占 60%左右，主要用于加工。在日本主品种由原来的丰香、女峰更新为砺衣女、佐贺清香、分别占 33%、17%。在中国，保护地促成栽培品种以丰香、红颜为主，分别占 20%、9%，卡麦罗莎占 4%，甜查理在广东、广西等南方产区为露地栽培，在北方为保护地促成栽培[3]。

### 1.4 昌平区草莓发展状况

北京市北部地区地处北纬 40°左右，北纬 40°是国际上公认的草莓栽培最佳区域，该区域为草莓生长提供了得天独厚的气候条件。作为国际化大都市，北京对草莓需求量较大，北京郊区发展草莓种植具有绝佳的区位优势。如今，北京市草莓产业已发展成为首都都市型现代农业的一大亮点，草莓不仅弥补了冬季鲜果淡季，而且成为市民休闲观光采摘的好去处，更为农民带来了较高的经济效益。

北京市北郊昌平区种植草莓起始于 20 世纪 60 年代，作为产业由政府大力发展起源于 2001 年。经过 10 年的发展，2010 年北京市日光温室草莓种植面积 7 710 亩，其中，昌平区 6 000 亩，占北京市总种植面积的 77.8%。2012 年，第七届世界草莓大会在昌平区举办。

2013 年，昌平区种植日光温室草莓 5 811 栋（1 栋＝400 m$^2$），平均产量 1 828.17 kg/亩，平均售价 74 元/kg，全区总产值 4.62 亿元。近 3 年种植面积基本稳定在 6 000 栋左右。

在栽培方式上，昌平区主要是日光温室促成栽培，还有少部分的现代化连栋温室促成栽培和日光温室半促成栽培等模式。按栽培基质区分，又可分为土壤栽培和基质栽培 2 种。基质栽培主要以"H"形高架栽培为主。2013 年种植的 5 811 栋中，"H"形高架栽培 175 栋，约占 3%。

在种植品种方面，昌平区经历了从 3 个品种到多个品种试种，再到几个主栽品种规模种植的过程。以童子一号为代表的高产、品质一般的品种种植面积逐渐下降，到了 2007 年，红颜种植面积比 2005 年提高了 12 倍，章姬、滕红分别比 2002 年提高了 10 倍、8 倍。同时，随着栽培技术的进步和市场销售模式的确定，在 2010 年红颜等日本品种以其品质优、风味佳等优势，以 62.9%的比例后来居上，改变了昌平草莓生产品种对欧美品种童了 1 号的严重依赖格局[3]。最近几年，昌平区主栽品种稳定为红颜和章姬，这 2 个品种的种植面积总计 322.8 $hm^2$，占全区种植面积的 95%。

昌平区草莓产业蓬勃发展的同时，也存在一些不可忽视的问题。第一，种植品种相对单一，追求草莓的商品品质，因而对红颜、章姬等日系品种较依赖，而日系品种存在抗病抗逆性差、不耐储存运输等问题，制约长远发展；第二，种苗质量问题，目前昌平区未形成稳定高效的种苗生产、繁育、销售体系，存在种苗供应不足、质量参差不齐的问题。第三，土壤质量问题，随着种植年限的增加，种植户大水大肥追求高产的做法，使土壤中氮磷钾等主要元素含量连年增高，大部分草莓温室存在不同程度肥力过剩问题，这不仅致使肥力利用率下降，而且导致盐分积累、影响草莓生长。此外，连作障碍如何有效克服、土壤消毒能否规范彻底，都是昌平草莓产业可持续发展面临的重要课题。

# 2　设施草莓立体栽培在国内外的研究及发展

## 2.1　国外设施草莓立体栽培发展

20 世纪 60 年代，立体无土栽培在发达国家首先发展起来，美国、日本、西班牙、意大利等国研究开发了不同形式的立体无土栽培技术。草莓立体栽培在日本、美国、西班牙、比利时和荷兰等国家均有一定比例，是草莓设施栽培的主要方式之一[4]。

草莓立体栽培技术研究在日本开展得很早。近年来，无论是育苗还是草莓生产，传统地栽大多数生产作业要求弯腰屈膝，因此生产者劳动强度较大、身体负担较重，加之日本的农业生产者老龄化现象，加速了立体栽培技术在日本的发展，大约从1998年开始,日本各地出现了一个发展高潮[5]。目前,日本草莓立体栽培技术应用面积占该国草莓种植面积的10%左右。

日本的草莓立体栽培技术开发以县为单位,因而每个县的高架模式都不尽相同,主要模式,有枥木模式、长崎模式、福冈模式等。日本的高架草莓栽培,与传统地栽相比,产量相差无几,劳动者作业姿势明显改善,但高架设施投入相对较大。在日本,100 $m^2$ 的草莓空中采苗设施的建设成本约40万日元(约合人民币2.5万元),而建设1 000 $m^2$ 的高架栽培台,需要300万~400万日元(合人民币20万~25万元)[6]。这样的高额投入,是中国的一般草莓种植者无法接受的。

### 2.2 国内设施草莓立体栽培研究状况

我国自20世纪90年代起开始研究设施草莓立体栽培技术,虽然历经20余年发展,但目前应用面积与传统地栽相比仍十分有限。

目前,国内草莓立体栽培开发出了多种模式。如"A"字形栽培模式以及在"A"字形栽培架的基础上,改良出的移动式、开合式、竹子管道式栽培模式;栽培袋栽培模式、柱状立体栽培模式、墙体栽培模式、"H"字形高架栽培床模式等等。当前生产上主要应用的模式,按栽培基质成分可分为有机质为主、无机质为主、有机质+无机质等类型;按栽培槽结构主要分为塑料泡沫槽、无纺布+防水膜袋、塑料栽培槽(花盆式、长槽式等)、PVC管式栽培槽、栽培袋等类型;按营养液供给方式可分为循环式、非循环封闭型和非循环开放式3种类型;按加温方式不同,可分为无加温、温水循环加温、暖风加温、基质电热线加温等类型;按栽培床种植列数及挂果方向可分为双列内置、双列外挂、四列并排等类型[7]。

## 3 设施草莓立体栽培的优缺点

### 3.1 设施草莓立体栽培的优点

台湾国立空中大学的赖景煌,归纳出高架离地草莓栽培模式有七大优点:产量可以提高2~3倍、栽培效率提高、不会伤害草莓农的身体、降低农药用量、节省成本、草莓售价比一般地面栽培高、每单位产值提高、可以朝观光农场经营、方便游客采果。笔者认为,无论哪种立体栽培模式,草莓立体栽培与传统地栽相比较的主要优势在于:其一是提高土地利用率,增加种植数量,以达到增产目的;其二是克服连作障碍,改善植株生长环境,以达到提高品质目的;其三是改善作业姿势,减少劳动时间和强度,以达到省力栽培目的。

### 3.2 设施草莓立体栽培的缺点

从生产实际来看，现有草莓立体栽培模式的缺点同样不容忽视。其一，前期投入巨大。因而，现有草莓立体栽培模式适合于有规模的农业企业，对一家一户的普通农民来说，一般难以承受前期的高额投入。其二，草莓立体栽培对种植者种植水平要求更高，如肥料选择、施肥方法、光温控制方面等配套技术。因而，种植技术的局限性困扰着普通农民种植者。

## 4 设施草莓立体栽培的几个关键技术环节

### 4.1 光照

设施草莓立体栽培为了增加单位面积土地利用率，充分利用空间，形式上通常为多层。因此，“遮光”是设施草莓立体栽培不可忽视的问题，光照条件能否满足草莓的生长需要，成为制约设施草莓立体栽培成败的一大关键因素。

在立体栽培草莓光合性能与产量品质之间的关系方面，前人做了很多研究。大部分研究者认为：草莓立体栽培模式下，光照是影响结果产量的最重要因子。也有人认为草莓属喜光耐阴作物，在保护地栽培条件下，光照不是产量形成的限制因子[8]。还有研究表明草莓具有一定耐阴性。“丰香”草莓对弱光环境有一定的适应能力，遮阴处理可以减轻强光下的草莓叶片光抑制程度，提高植株对光能的利用能力[9]。Ferree 和 Stang 报道持续的遮阴和坐果期的遮阴均提高了“Earliglow”草莓的单果重，但由于果实个数减少而使产量下降[10]。据报道美国黑莓遮阴处理后净光合速率日变化为单峰曲线，透光率 50%时叶绿素含量显著高于全光处理，具有一定的耐阴性[11]。

不能否认的是，光照是影响设施立体栽培草莓产量与品质的关键因子。但是，光照的影响是很复杂的。究竟影响到什么程度？有没有不受影响或者受影响小的品种？光照强度、光照时间、光质等对草莓产量品质的影响都需要进一步研究。

生产实际中，人工补光能够一定程度上解决设施立体栽培草莓光照不足的问题，如放置人造光源，或者清洗棚膜等手段。此外，应用植物声频发生器处理草莓植株，可以增强草莓光合作用，草莓开花数、结果数和叶绿素含量均有不同程度的提高[12]。

### 4.2 温度

草莓根系分布较浅，在营养生长期，80%根系分布在地表下 0～15 cm 的深度范围内。因此，草莓生长容易受根际温度影响。有研究表明，草莓根部生长的适温为 15～23℃，并且地温也影响根系吸收水肥的能力，9℃以下草莓根系不能吸水吸肥,9～12℃仅能吸水,12℃以上才能吸肥[13]。有研究报道落花后,草莓叶片和叶柄的最适昼夜温度为25℃/12℃,根系和果实的最适昼夜温度为18℃/12℃,而整个植株生长的最适昼夜温度为25℃/12℃[14]。可见,与光照一样,温度同样是影响立体栽培产量和品质的重要环境因子。我国北方冬季寒冷漫长,12月份至翌年2月份日照短、温度低,温室大棚内时常出现5℃以下低温。设施草莓立体栽培与传统地栽相比,基质的温度缓冲能力相对较差,保温能力不强,植株根系很易受到环境温度影响。因而,有效的保温措施是草莓立体栽培成败的关键。但是,设施立体栽培草莓可以通过灵活多样的加温保温手段(如电热丝)提高根际及环境温度,降低极端气候条件的不利影响。如2012年初浙江省出现了近60 d的持续阴雨天气,低温、多雨、寡照,使草莓生产受到严重影响,全省各草莓产区均出现30%～50%的减产,但采用立体栽培的草莓基地却没有出现明显的减产现象[15]。

对于国内现有的草莓立体栽培模式,关于温度对草莓生长影响的研究有一些报道。一般地,纵向来说,立体栽培架的上层温度高于下层;横向来说,差异不大。陈宗玲等报道温室立体栽培模式下草莓叶片的净光合速率的大小以受光合有效辐射大小的影响为主,受空气温度的影响为辅,且不受根际温度影响的制约[16]。林晓等报道温度与草莓早期产量没有显著相关性[17]。宋卫堂等报道后墙立体栽培草莓可提高日光温室内温度[18]。

### 4.3 基质

传统地栽草莓,随着种植年限的增加,土传病害、连作障碍等问题日益凸显,是阻碍草莓种植产业可持续发展的重要因素。而无土栽培为解决这一难题提供了出路。近年来,我国在无土栽培基质配方选择上有了一定的研究。

栽培基质作为土壤的替代品,目的是阻隔土壤中的病虫害传播,因此栽培基质必须洁净无污染、物理性状适宜作物生长且性状稳定,pH为5.8～6.4,呈弱酸性,EC值控制在1.5 mS/cm以下[19]。在中国台湾,最初有人以稻壳为栽培基质,由于保水性差,pH和EC值不易控制,且稻壳未腐熟容易造成烧苗。随后,又有草莓农开始以蔗渣栽培基质,效果仍不佳。后来,许多农场开始用草炭作为栽培基质。草炭又名泥炭,保水性能、透气性能、物理性状都比较适合作为栽培基质。因此,之后研究出的栽培基质大部分以草炭作为主要成分,配合添加蛭石、珍珠岩、有机介质、缓释肥料、基质杀菌剂、稳定剂等。北京市昌平区所用基质配方由草炭、蛭石、珍珠岩组成,体积比为2∶1∶1。但是,由于草炭是不可再生资源,随着环保意识的增强,世界很多国家和地区已经开始禁止开采草炭土,所以大量资源消耗势必造成其价格上升、品质下降。因此,大量利用草炭作为栽培基质不是长久之计,因地制宜的研究和开发出经济实用、来源广泛的无土栽培基质配方显得尤为迫切。目前，已经有人尝试用椰壳、食用菌废渣、酒糟、秸秆等材料作为栽培基质。其中，椰壳土已成为目前台湾地区立体无土栽培草莓使用的主流基质。

# 5 当前我国设施草莓立体栽培存在的问题及解决对策

设施草莓立体栽培较传统地栽相比，具有诸多优势。如：提高空间利用率、克服连作障碍、减少劳动时间和强度、适合观光采摘等。毋庸置疑，立体栽培是设施草莓的发展趋势。但是，在当前农业生产实际中，我国设施草莓立体栽培模式尚存在诸多问题。

第一，各种立体栽培模式的共同点是前期投入较大，有一定规模的农业企业或有一定资本的个人可以尝试发展，对于大多数一户一两棚的普通农民来说，高额的前期投入是难以接受的。

第二，在肥料选择、施肥方法、光温调控等方面，立体栽培模式对于草莓种植者的种植技术和管理水平要求更高。很多年纪偏大、文化水平有限的草莓种植者不敢轻易发展立体栽培。

第三，立体栽培模式改变弯腰屈膝的作业姿势，可以实现一定程度上的“省力”。但是，现阶段的普通中国农民，对“效益”的需求程度大于“省力”。

第四，对于有一定规模的农业企业来说，发展草莓立体栽培，可以通过观光采摘，提高草莓单价，提高效益。但是，对于普通农民来说，种植立体栽培模式，大部分情况下，草莓销售方式仍以卖给经销商为主，不能提高单价，难以提高效益。

综上所述，笔者个人认为，现有大部分立体栽培模式，适用于农业企业发展，不适于普通农民应用。在种类繁多的立体栽培模式中，相比较而言，“H”形立体基质栽培架模式投入相对较低，是可以在普通农民之间推广发展的。笔者所在的北京市昌平区推广发展的正是这一模式。为迎接 2012 年第七届世界草莓大会，自 2009 年起，昌平区开始草莓高架栽培研究与示范，取得成功后，草莓高架基质栽培作为世界草莓大会草莓博览园中的主要种植模式对外展示，受到业内人士和市民的普遍欢迎。2012—2013 年度，昌平区在全区推广草莓立体栽培技术，并把日光温室“H”形架立体基质栽培列入政府补贴项目，凡是按立体基质栽培标准建立的种植大棚，每栋大棚补贴 2 万元。将普通大棚改造为“H”形架立体基质栽培大棚的费用在 3 万元以内，政府补贴后，相当于农户自己花不到 1 万元就可以建起“H”形架立体基质栽培模式。当年发展日光温室高架栽培 175 栋（其中包括企业和农民个人），约占总种植温室数量的 3%（当年度昌平区共种植日光温室草莓 5 811 栋）。显而易见，在政府大力度补贴支持下，“H”形架立体基质栽培模式推广发展的并不是很顺畅。2013—2014 年度，这种模式种植数量并未明显增加。2014 年，昌平区改变“H”形架立体基质栽培政府补贴方式，改现金补贴为实物补贴，即将“H”形架立体基质栽培所需全部材料免费给草莓种植户配发安装，农民不需要自己投入成本。但是，许多农民仍有顾虑。50 m×8 m 的大棚，“H”形架种植数量为3 200 株/栋左右，传统地栽 4 500 株左右。相当于单位面积内少种植 1 300 株，将近 3 成，在草莓单价无法提高的情况下，这就意味着可能减产三成，收益也会减少三成。所以，笔者认为，除了“H”形架相对高额的投入外，土地净收益被压缩也是制约“H”形架立体基质栽培模式推广发展的重要原因之一。

因此，降低成本投入、提高土地净收益是当前我国发展草莓立体栽培的出路所在。以昌平区的“H”形架立体基质栽培模式为例，尝试能否在“H”形架下再土栽种植一层草莓，形成双层立体栽培模式，解决“H”形架模式栽植数量少、前期投入大、土地净收益低等问题。探索出让普通农民种植户敢于用、用得起、用得好的草莓立体栽培模式。

## 参考文献


[1] 赵密珍，王静，王壮伟，等. 世界草莓生产和贸易. 江苏农业科学，果农之友，2012，6：38.

[2] 张雯丽. 中国草莓产业发展现状与前景思考. 农产品质量与安全，农业展望，2012，2：30-33.

[3] 张天琪，任荣，徐成响，等. 北京市草莓生产的问题与对策. 北京农业职业学院学报，2011，25(2)：9-13.

[4] 姜新法. 立体无土栽培技术浅述. 农机服务，2002，4(12)：102.

[5] 刘小朋，陈兴明. 日本草莓高架栽培发展现状. 果农之友，2004(3)：40-41.

[6] 農耕と園芸編集部. イチゴ品種と新技術. 日本：誠文堂新光社，1998：166-238.

[7] 沈建生，林贤锐，王艳俏. 日本高设草莓主要模式及栽培关键技术. 中国南方果树，2010，39 (6) ：74-77.

[8] 张广华，葛会波，李青云，等. 草莓不同叶位叶片光合特性研究. 河北农业大学学报，2004，27(4)：37-39.

[9] 刘卫琴，汪良驹，刘晖，等. 遮阴对丰香草莓光合作用及叶绿素荧光特性的影响. 果树学报，2006，23(2)：209-213.

[10] Ferree D C，Stang E J. Seasonal plant shading，growth，and fruiting in‘Earliglow’ strawberry. J Am Soc Hort Sci，1988，113：322-324.

[11] 杨俊霞，郭宝林，鲁韧强，等. 遮阴对美国黑莓生长及光合特性的影响. 园艺学报，2005，32(2)：292-294.

[12] 周清,曲英华,李保明,等.声频处理对草莓植株性状及叶片叶绿素荧光特性的影响.中国农业大学学报,2010,15(1):111-115.

[13] 森下昌份,郑宏清,叶正文.草莓生理生态及实用栽培技术.上海:上海科学技术出版社,1993.

[14] Wang S Y,Camp M J. Temperatures after bloom affect plant growth and fruit quality of strawberry. Scientia Horticulturae,2000,85:183-199.

[15] 胡美华,金昌林,潘慧锋.早春持续阴雨寡照天气对草莓生产的影响.浙江农业科学,2012(10):1407-1409.

[16] 陈宗玲,刘鹏,张斌,等.立体栽培草莓的光温效应及其对光合的影响.中国农业大学学报,2011,16(1):42-48.

[17] 林晓,罗赞,王红清.草莓日光温室立体栽培的光温效应及其影响分析.中国农业大学学报,2014,19(2):67-73.

[18] 宋卫堂,栗亚飞,曲明山,等.后墙立体栽培草莓提高冬季日光温室内温度.农业工程学报,2013,29(16):206-212.

[19] 赖景煌.台湾草莓高架化——离地栽培模式.长江蔬菜(学术版),2012(6):52-55.

# 熊蜂授粉在设施番茄上的应用效果

王俊侠　胡学军　蔡　乐　杨建强　陈海明　卫王亮

（北京市昌平区植保植检站，北京，102200）

**摘　要：**在设施番茄生产中，由于受生长环境的影响，在花期需要采用释放熊蜂或人工点花辅助番茄授粉。熊蜂授粉的番茄能够形成较高的产量，具有坐果率高、果实成熟一致、转色均匀等优势；点花授粉不但费工费时，增加劳动强度，而且难以把握最佳的授粉时期，打破番茄激素代谢水平，打破番茄原有的生殖生长规律，出现畸形果增多，大小不一致，转色不均匀，激素授粉后果实品质、口感较差，还会造成激素残留而污染果品。

**关键词：**设施，番茄，熊蜂，授粉，点花，产量，果实

## 1　材料与方法

### 1.1　试验地点

试验地点设在昌平区崔村镇南庄营村的北京川府菜缘种植基地，土壤为沙壤土，肥力中等。

### 1.2　试验设计

试验共设 2 个处理，每个处理 1 个棚室，试验棚室 50 m×8 m；棚室 C2 使用熊蜂授粉，棚室 C6 采用番茄灵点花处理；供试番茄品种浙粉 202。2014 年 1 月 10 日育苗，3 月 11 日定植，定植密度 2 600 株/亩；4 月 1 日始花期，C2 棚室 4 月 9 日释放熊蜂 1 箱；C6 棚室采用点花授粉。每个处理定点 3 行进行调查。始收期 5 月 25 日。7 月 15 日拉秧。

### 1.3　试验观察

3 月 11 日定植，4 月 1 日始花期，5 月 20 日调查坐果率，5 月 25 日始收期，5 月 28 日和 6 月 9 日调查果实的整齐度，单果重，每个果的纵径和横径，籽粒数

量，千粒重；病虫害发生程度。7 月 15 日拉秧。

# 2 结果与分析

## 2.1 不同处理对番茄产量的影响

根据表 1，试验棚番茄 2014 年 1 月 10 日育苗，3 月 11 日定植，3 月 31 日初花期，4 月 5 日 C6 棚采用点花授粉，4 月 9 日 C2 棚室释放熊蜂 1 箱，5 月 25 日开始采收，7 月 15 日拉秧，熊蜂授粉的番茄亩产为 8 192.5 kg，人工点花授粉的番茄亩产为 6 938.0 kg，熊蜂授粉比点花处理的亩增产 1 254.5 kg，增产率达到 18.1%。

**表 1 番茄浙粉 202 栽培时期及不同处理对产量的影响**

| 项目 | 育苗期（月-日） | 定植期（月-日） | 初花期（月-日） | 处理（月-日） | 始收期（月-日） | 拉秧期（月-日） | 产量/（kg/亩） |
|---|---|---|---|---|---|---|---|
| 熊蜂授粉 | 1-10 | 3-11 | 3-31 | 4-9 | 5-25 | 7-15 | 8 192.5 |
| 点花处理 | 1-10 | 3-11 | 3-31 | 4-5 | 5-25 | 7-15 | 6 938.0 |

## 2.2 不同处理对每穗果数的影响

根据表 2，熊蜂授粉第 1 果穗到第 4 果穗平均坐果数量分别为 2.9 个、3.4 个、3.6个、2.8 个，平均每个果穗坐果 3.17 个；点花处理的坐果数分别为 2.6 个、3.0 个、3.2 个、2.85 个，平均每个果穗坐果 2.91 个；熊蜂授粉比点花处理的每穗坐果多 0.26 个，每穗坐果率提高 8.9%。

**表 2 不同处理对番茄坐果率的影响**

| 项目 | 定植密度/（株/亩） | 1 穗果/个 | 2 穗果/个 | 3 穗果/个 | 4 穗果/个 | 平均/（个/穗） |
|---|---|---|---|---|---|---|
| 熊蜂授粉 | 2 600 | 2.9 | 3.4 | 3.6 | 2.8 | 3.17 |
| 点花处理 | 2 600 | 2.6 | 3.0 | 3.2 | 2.85 | 2.91 |

## 2.3 不同处理对对番茄果型的影响

根据表 3，熊蜂授粉的番茄单果重最大为 273 g，最小为 165.6 g，最大和最小果之间相差 107.4 g，平均单果重为 198.8 g；点花处理的番茄单果重最大为 262 g，最小为 111.2 g，最大和最小果之间相差 150.8 g，平均单果重为 183.4 g。

表 3　不同处理对番茄果型影响

| 项目 | 最大单果重/g | 最小单果重/g | 平均单果重/g | 单果横径/cm | 单果纵径/cm | 纵径∶横径 |
|---|---|---|---|---|---|---|
| 熊蜂授粉 | 273 | 165.6 | 198.8 | 7.27 | 6.06 | 1∶1.20 |
| 点花处理 | 262 | 111.2 | 183.4 | 6.86 | 6.13 | 1∶1.12 |

熊蜂授粉的单果纵径为 6.06 cm，横径为 7.27 cm，纵横径比为 1∶1.20；点花处理的单果纵径为 6.13 cm，横径为 6.86 cm，纵横径比为 1∶1.12。

## 2.4　不同处理对番茄果实及种子的影响

根据表 4，熊蜂授粉的果皮表面光滑、光亮、转色均匀，果肉松软肥厚且中隔分布规矩，滋养组织充盈饱满，单果种子数量为 158 粒，千粒重为 3.774 g，种子外的绒毛规整且有光泽；点花处理的果皮表面较粗糙、无光泽、转色不均匀，果肉硬实较薄且中隔分布散乱，滋养组织不饱满，单果种子数量只有 55 粒，千粒重为 3.448 g，种子外的绒毛不规整且无光泽。

表 4　不同处理对番茄果实及种子的影响

| 项目 | 果皮 | 果肉 | 滋养组织 | 单果种子数/粒 | 种子绒毛 | 绒毛光泽 | 千粒重/g |
|---|---|---|---|---|---|---|---|
| 熊蜂授粉 | 光亮，转色均匀 | 中隔规矩，肥厚 | 饱满 | 158 | 规整 | 有 | 3.774 |
| 点花处理 | 无光泽，转色不一致 | 中隔散乱，较薄 | 不饱满 | 55 | 不规整 | 无 | 3.448 |

## 2.5　不同处理对番茄生殖生长规律的影响

根据实验调查，熊蜂处理的番茄每株是从下面果穗往上面果穗依次成熟，每穗果实是从靠近植株向远离植株的果实依次成熟。点花授粉的果实成熟转色规律混乱，打破了每株果实从下向上的成熟顺序，打破了每个果穗从靠近植株向远离植株的果实成熟的顺序，先膨大的先成熟转色，后膨大的后成熟后转色或不转色。

## 2.6　不同处理对番茄果柄的影响

熊蜂授粉的番茄采收时果柄容易脱落，自然脱落率达到 80%，存放 4 d 后果柄脱落率 100%；点花处理的番茄果柄不容易脱落，存放 4 d 后柄的脱落率只有 20%。

## 2.7　不同处理对病害的影响

不同处理的番茄病害差异不明显；生理病害差异显著，熊蜂授粉番茄脐腐病没有发生，点花处理的番茄脐腐病的病果率达到20%。

### 2.8 不同处理用工成本

番茄全生育期授粉需要释放熊蜂2次，每次亩使用熊蜂1箱，每箱350元，每亩熊蜂授粉成本每亩700元；点花授粉全生育期进行12次，每个工80元计算，每亩点花授粉成本960元；熊蜂授粉比点花授粉节省人工成本260元。

## 3 讨论

①番茄熊蜂授粉能够提高番茄产量，熊蜂授粉比点花授粉的产量增加18.1%。

②采用熊蜂授粉可以提高坐果率，熊蜂授粉比点花处理的每穗坐果多0.26个，每穗坐果率提高8.9%。

③熊蜂授粉可以提高番茄果实整齐度；熊蜂授粉果实大小均匀一致，最大果与最小果相差107.4 g；点花授粉果实大小不均匀，最大果与最小果相差150.8 g；熊蜂授粉单果重比点花授粉的增加15.4 g；熊蜂授粉比点花授粉的果实纵径矮，横径长，对果实形状有影响[1]。

④熊蜂授粉可以提高番茄果实成熟度及种子数量；熊蜂授粉的果实周正，有光泽，果肉肥厚，滋养组织饱满，转色均匀，单个果实种子数量多，种子成熟度好，种皮绒毛规整；点花授粉的果实光泽不好，果肉硬实，滋养组织不饱满，转色不均匀，种子成熟度低，种皮绒毛不规整[1]。

⑤熊蜂授粉番茄生殖生长规律正常，番茄能够正常成熟，果柄自然脱落；点花授粉打破了番茄生长激素水平，打破了番茄生殖生长规律，番茄成熟的顺序打乱，果柄自然脱落率只有80%，并且形成“拉链式”果面划痕，影响番茄的经济价值。

⑥熊蜂授粉与点花授粉相比，每千克番茄按3元计算，每亩产量增效3 764元，每亩降低人工成本260元，每亩共计增加经济效益4 024元。

⑦熊蜂授粉减少了激素使用量，有效预防灰霉病的发生，减少了化学农药用量，保障了番茄的食用安全[2]。

### 参考文献

[1] 黄家兴，安建东，吴杰等. 熊蜂为温室茄属作物授粉的优越性. 中国农学通报，2007，23(3)：5-9.

[2] 邢艳红，彭文君，安建东. 不同蜂授粉对设施番茄产量和品质的影响. 中国养蜂，2005，56(7)：8-10.

# 手持式蔬菜直播播种机应用效果试验报告

李彦君　朱海晨

（北京市昌平农机化技术推广站，北京，102200）

发展设施农业作为发展都市型现代农业、促进农民增收的一种有效形式，可有效提高农民生产产值，增加农民收入，是发展都市型现代农业的途径，也是北京市推进农业产业结构调整的重要手段。随着人民生活水平的不断提高，蔬菜的需求量也逐渐增加，设施农业的发展解决了长期困扰我国北方地区的蔬菜冬淡季供应问题。目前北京市冬季蔬菜的90％以上由设施农业生产提供，极大地丰富了全市人民菜篮子。其中日光温室是北京市蔬菜冬季生产的主要设施类型，在保障北京市冬淡季蔬菜供应中发挥的作用尤为突出。然而，设施装备水平却相对落后，蔬菜播种、设施环境调控、生产管理环节主要依靠手工操作，不但生产效率低、劳动强度大，也极大地影响设施效益发挥。为改善目前蔬菜播种环节纯手工播种，完全凭经验、靠感觉生产操作的现状，叶类蔬菜北京创新团队2BSC-1型引进手持式蔬菜直播播种机（图1），在北京市种子管理站基地和昌平区种子管理站基地的温室进行试验，解决北京市蔬菜播种机具落后的难题。

图1　手持式蔬菜直播播种机

该试验首先在位于昌平区的市种子管理站基地22号温室进行，试验的蔬菜品种选定为油菜。该机具的转动轴上的排种孔可调节，分为大孔、中孔和小孔，本次试验的目的就是证明哪种排种孔更合理，更适合蔬菜生长。因此，我们于10月8日分别用大孔、中孔和小孔进行播种，机具调节为4行，每畦共8行，行距为15 cm，播种面积为6.5 m×1.1 m=7.15 m$^2$，机具开沟、播种、覆土和镇压一次完成。表1为播种量情况。

表 1　播种量情况　　g

| 项目 | 大孔 | 中孔 | 小孔 |
|---|---|---|---|
| 播种日期 | 10 月 8 日 | 10 月 8 日 | 10 月 8 日 |
| 畦播种量 | 14.3 | 10.3 | 5.3 |
| 亩播种量 | 1 333 | 960 | 494 |

由表 1 畦播种量分析，大孔的播种用量偏大，超出人工播种用量，用户不易接受；中孔的播种用量与人工播种相当；小孔的播种用量少于人工播种用量近 1/2。

10 月 30 日，将 3 种排种孔播种效果进行了对比，效果对比图如图 2 所示。

大孔　　中孔　　小孔

图 2　播种效果对比图(10 月 30 日)

此时的油菜是播种后 22 d，正处于生长期，现场效果对比结果显示，大孔播种的油菜行距和株距小，植株有叶黄现象；中孔播种的油菜行距和株距合适，植株茂盛；小孔播种的油菜行距和株距比较大，植株长势稍差。

11 月 4 日，再次将 3 种排种孔播种效果进行了对比，效果比较图如图 3 所示。

大孔　　中孔　　小孔

图 3　播种效果对比图(11 月 4 日)

此时的油菜是播种后 27 d,正处于蔬菜成熟期,现场效果对比结果显示,大孔播种的油菜行距和株距过小,植株叶黄和根腐现象严重;中孔播种的油菜行距和株距也比较小,植株生长茂盛,有叶黄和根腐现象;小孔播种的油菜行距比较小,株距合适,植株生长茂盛。

蔬菜收获后,将这 3 种排种孔播种的油菜的产量进行了测算,表 2 为测算结果。

**表 2　油菜产量测算结果** kg

| 项目 | 大孔 | 中孔 | 小孔 |
|---|---|---|---|
| 畦产量 | 20.64 | 13.14 | 12.73 |
| 亩产量 | 1 924.48 | 1 225.17 | 1 186.95 |
| 20 株产量 | 0.35 | 0.35 | 0.37 |
| 单株产量 | 0.017 5 | 0.017 5 | 0.018 5 |

分析产量测算结果,排种孔为大孔的畦产量和亩产量都高于另外 2 种,另外 2 种的畦产量和亩产量都相当。但是综合起来分析,大孔的播种量比较高,植株行距和间距都小,通风条件差,蔬菜叶黄和根腐现象严重,菜品差。中孔和小孔的畦产量和亩产量相差不多,但是小孔的播种量仅是中孔播种量的 1/2,而且播种量少,植株通风条件较好,菜品优于大孔和中孔的。

但是,这 3 种排种孔播种都存在同样的问题,播种的行距偏小,尤其是大孔播种的油菜,植株行距和株距都偏小,植株通风条件很差,植株叶黄和根腐现象严重(图 4 和图 5)。另外,本次播种试验的行间距偏小,蔬菜生长期间,行间距不足 10 cm,行间生产操作不便。为此,我们在区种子管理站基地 10 号温室进行播种试验时,排种孔间距调整为 20 cm 3 行(图 6),播种时排种孔都采取中孔播种,蔬菜生长期时,行间间隙能容许站一个脚掌,便于进行生产操作(图 7)。另外,还在昌平区种子管理站基地进行了快菜和菠菜的播种试验,试验发现,由于快菜的种子形状和大小都与油菜种子相当(图 8),直径都在 1 mm 左右,因此快菜的播种效果与油菜相同。而菠菜的种子的形状不规范,大小在 4 mm 左右(图 9),播种时漏播现象严重。同时还发现,到了蔬菜生长期,特别是蔬菜成熟期,植株株距过小,通风不畅,造成叶黄和根腐现象严重。

图 4　大孔播种(叶黄)

图 5　大孔播种(根腐)

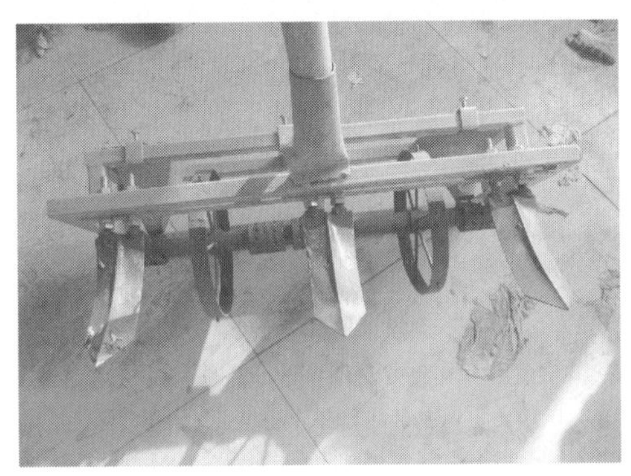

图 6　排种孔间距调整

图 7　间距 20 cm 3 行效果图

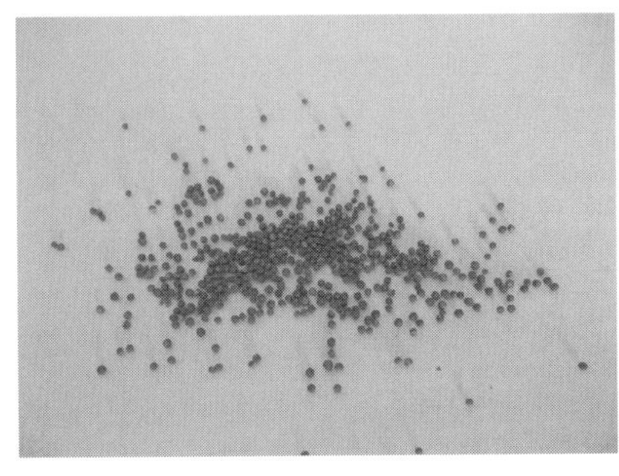

图 8　快菜种子

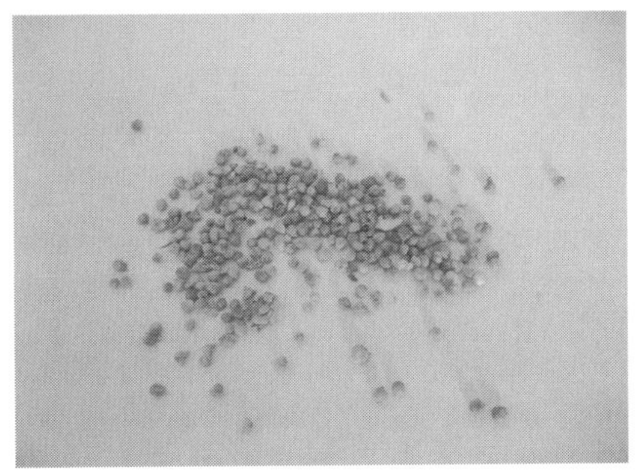

图 9　菠菜种子

结论：手动蔬菜播种机采用小孔、三行播种，行间距为 20 cm，蔬菜种子直径不大于 3 mm 时，植株的行距和株距都适合蔬菜生长，而且采用小孔播种，相比人工播种节省近 50%种子，植株生长通风条件好，收获的蔬菜品质也让用户满意，因此推荐用户采用小孔、三行播种。

# GC-ECD测定水果蔬菜中9种有机氯和拟除虫菊酯类农药残留检测方法的研究

薛　丽

(北京市昌平区农产品监测检测中心,北京,102200)

**摘　要:**利用气相色谱(GC)建立蔬菜水果中9种有机氯和拟除虫菊酯类农药测定的方法。试样中农药残留经过匀浆、过滤、浓缩,用弗洛里矽柱进行分离、净化,得到的淋洗液经过浓缩后定容,然后注入气相色谱仪,农药组分经毛细管柱分离,用电子捕获器(ECD)进行检测,根据保留时间进行定性,外标法用峰面积进行定量。9种农药在0.01～0.2 μg/mL浓度范围内,浓度和响应值线性关系良好,方法检出限为0.002～0.009 mg/kg,方法回收率为80%～105%,变异系数均小于10,该分析方法的重复性和容量器具的不确定度是影响测量结果的主要因素。

**关键词:**水果蔬菜,农药残留,检测方法

**Abstract:** A method determinating 9 organochlorine and pyrethroid pesticides residues in fruits and vegetables by GC-ECD was established. The residue of farm chemicals in sample was homogenized, filtered, concentrated, and then separated and purified using florey silicon column. The eluent was concentrated to a defined volume, and analyzed by gas chromatograph(GC). Chemicals were fractionated by capillary column, detected by electron capture detector(ECD), qualified according to retention time, and quantified according to peak area using external standard method. The concentrations of 9 chemicals were in the range of 0.01～0.2 μg/mL, linear association was observed between concentrations and response value. The detection limit was 0.002～0.009 mg/kg, recovery rate was 80%～105%, coefficient of variation was less than 10. The main factors affecting the detection results were the repeatability of this detection method and uncertainty of volumetric apparatus. The method could provide reference for laboratory.

**Key words:** Fruits and vegetables, Pesticide residues, Detection methods

蔬菜水果与我们的生活息息相关，是我们生活的必需食物，随着2012年2月第七届世界草莓大会的召开和第一、二、三届北京农业嘉年华在昌平的召开，来昌平采摘蔬菜水果已经成为北京市民一个时尚的休闲方式，所以食品安全成为昌平区政府的重中之重，昌平区农产品监测检测中心的一项重要职能就是监督检验农产品质量安全。我们根据实验室现有条件，采用GC-ECD的气相色谱法来测定蔬菜水果中有机氯和拟除虫菊酯类其中9种常用的农药[1]，对NY/T 761—2008进行了有效改进，形成了一套符合我们日常工作的检测方法，具有高选择性、高分离效能、高灵敏度和快速的优点[2]，适用于我们的日常监督检测，对保障昌平区农产品安全起到保驾护航的作用。

# 1 仪器与试剂

## 1.1 仪器

食品捣碎机、精度百分之一的天平、匀浆机、真空过滤泵、真空旋转蒸发仪、固相萃取仪、氮吹仪、岛津GC 2010气相色谱仪、带ECD检测器、自动进样器、分流/不分流进样口、HP-1色谱柱、涡旋混合器。

## 1.2 试剂和材料

乙腈、丙酮、正己烷(均为色谱纯)。百菌清、三唑酮、腐霉利、甲氰菊酯、高效氯氟氰菊酯、氟氯氰菊酯、氯氰菊酯、氰戊菊酯、溴氰菊酯9种农药标准溶液浓度为100 μg/mL的单一农药标准溶液。氯化钠、弗洛里矽柱(安捷伦)、氮气(纯度≥99.999%)。

# 2 实验原理

9种有机氯和拟除虫菊酯类农药用乙腈提取，经过匀浆、过滤、浓缩，用弗洛里矽柱进行分离、净化，得到的淋洗液经过浓缩后定容。然后注入气相色谱仪，农药组分经毛细管柱分离，用电子捕获器进行检测，根据保留时间进行定性，外标法用峰面积进行定量[3]。

# 3 实验方法

## 3.1 试样制备

取不少于3 kg蔬菜样品，用干净的纱布擦去可食部分的表面附着物，采用四分法[4]，将其切碎，充分混匀放入食品捣碎机制成待测样，放入样品盒中，于-17℃

条件下保存,备用。

### 3.2 提取

准确称取25.00 g待测样品,加入50.0 mL乙腈,高速匀浆2 min后过滤,滤液收集到装有7 g NaCl的100 mL具塞量筒中,盖上盖子,剧烈震荡1 min,在室温下静置30 min,使乙腈相和水相分层。

### 3.3 净化

从100 mL具塞量筒中吸取10 mL乙腈溶液,放入25 mL的鸡心瓶中,用真空旋转蒸发仪蒸发近干,加入2 mL的正己烷,盖上铝箔待净化。将弗洛里矽柱依次用5.0 mL丙酮+正己烷(10+90)、5.0 mL正己烷预淋洗,当溶剂液面到达柱吸附层表面时,立刻倒入上面待净化溶液,用15 mL刻度离心管接收洗脱液,用5.0 mL丙酮+正己烷冲洗鸡心瓶后淋洗弗洛里矽柱,并重复一次。将装有淋洗液的离心管置于氮吹仪上,氮吹蒸发到小于5 mL,用正己烷定容至5 mL,在涡旋混合器上混匀,分别移入2 mL自动进样器样品瓶中,待测。

## 4 测定

### 4.1 色谱测定条件

色谱柱HP-1(30 m×0.25 mm×0.25 μm);进样口温度:200℃;检测器温度:320℃;柱温:程序升温,初始温度150℃,保持2 min,升温速率6℃/min,到270℃保持23 min;载气:氮气,流速为1 mL/min;辅助气:氮气,流速为60 mL/min。

### 4.2 色谱分析

由自动进样器分别吸取1.0 μL标准混合溶液和净化后的样品溶液注入色谱仪中,以保留时间进行定性,外标法用峰面积进行定量。

## 5 结果

### 5.1 线性与方法检测线

将9种有机氯和拟除虫菊酯类农药标品储备液混合后,配制成0.01 μg/mL、0.02 μg/mL、0.05 μg/mL、0.08 μg/mL、0.1 μg/mL、0.2 μg/mL的标准工作液,按照选定的色谱条件进样,图1显示了9种标准农药的色谱图;以色谱峰的面积对浓度作标准曲线,9种农药的浓度和响应值线性关系良好,具体数据如表1所示。

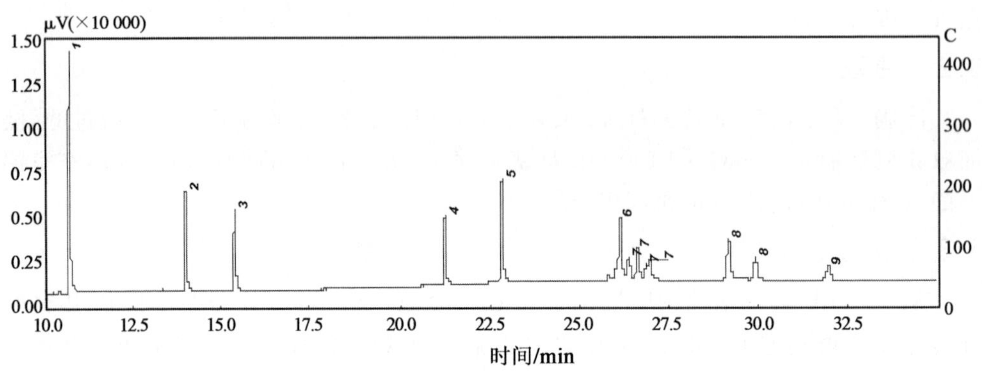


**图 1　9 种农药的气相色谱图**

1-百菌清　2-三唑酮　3-腐霉利　4-甲氰菊酯　5-高效氯氟氰菊酯　6-氟氯氰菊酯
7-氯氰菊酯　8-氰戊菊酯　9-溴氰菊酯

**表 1　9 种农药的保留时间、线性和相关系数**

| 农药名称 | 保留时间/min | 线性回归方程 | 相关系数 $R$ |
|---|---|---|---|
| 百菌清 | 10.658 | $Y$=844 495.4$X$+2 236.7 | 0.999 4 |
| 三唑酮 | 13.965 | $Y$=354 066.5$X$+28.4 | 0.999 6 |
| 腐霉利 | 15.370 | $Y$=316 667.9$X$+3 712.4 | 0.999 8 |
| 甲氰菊酯 | 21.241 | $Y$=302 530$X$+1 585.5 | 0.999 7 |
| 高效氯氟氰菊酯 | 22.829 | $Y$=189 412.4$X$+33 535.3 | 0.997 6 |
| 氟氯氰菊酯 | 25.900,26.235 | $Y$=1 192 730.6$X$+25 361.1 | 1 |
| 氯氰菊酯 | 26.427,26.681,26.925,27.028 | $Y$=430 198.8$X$+38 425.6 | 0.999 3 |
| 氰戊菊酯 | 29.149,29.888 | $Y$=528 661.6$X$+924.5 | 1 |
| 溴氰菊酯 | 32.102 | $Y$=133 742.2$X$+4 641.1 | 0.999 8 |

## 5.2　回收率实验和精密度实验

回收率实验和精密度实验在方法测定低限、两倍方法测定低限和最高残留限量进行 3 个水平的测试，方法测定低限为方法检出限的 3 倍，方法检出限是根据 3 倍信噪比得到的[5]。本实验根据以上 3 个水平进行了添加，每个水平的添加均为 6 个平行样[6]。表 2 结果表明，9 种农药的方法检出限范围为 0.002～0.009 mg/kg，样品在 3 个水平添加回收率都在 80%以上，且小于 105%，变异系数都在 10 以下。

**表2　9种有农药混标的回收结果表($n=6$)**

| 农药名称 | 方法检出限 | 添加浓度/(mg/kg) | 平均回收率/% | 变异系数/% |
|---|---|---|---|---|
| 百菌清 | 0.003 | 0.009 | 82 | 2.9 |
| | | 0.018 | 93 | 7.4 |
| | | 0.5 | 91 | 1.2 |
| 三唑酮 | 0.009 | 0.027 | 87 | 4.3 |
| | | 0.054 | 100 | 5.2 |
| | | 1.0 | 96 | 0.6 |
| 腐霉利 | 0.002 | 0.006 | 92 | 4.5 |
| | | 0.012 | 108 | 7.3 |
| | | 10.0 | 98 | 3.9 |
| 甲氰菊酯 | 0.002 | 0.006 | 83 | 3.8 |
| | | 0.012 | 84 | 4.8 |
| | | 5.0 | 102 | 1.2 |
| 高效氯氟氰菊酯 | 0.008 | 0.024 | 81 | 2.0 |
| | | 0.048 | 81 | 6.3 |
| | | 0.2 | 80 | 2.1 |
| 氟氯氰菊酯 | 0.003 | 0.009 | 91 | 0.5 |
| | | 0.018 | 88 | 7.0 |
| | | 0.5 | 86 | 1.1 |
| 氯氰菊酯 | 0.006 | 0.018 | 82 | 2.8 |
| | | 0.036 | 82 | 6.8 |
| | | 2.0 | 80 | 1.9 |
| 氰戊菊酯 | 0.002 | 0.006 | 96 | 3.8 |
| | | 0.012 | 104 | 6.2 |
| | | 0.2 | 100 | 6.3 |
| 溴氰菊酯 | 0.002 | 0.006 | 98 | 3.1 |
| | | 0.012 | 100 | 4.4 |
| | | 0.1 | 100 | 1.4 |

## 5.3　不确定度的评定

从检测过程和依据计算公式建立的数学模型 $X=\dfrac{c\times A\times V_1\times V_3}{A_s\times V_2\times m}$ 来分析，检测

蔬菜水果中的有机氯和拟除虫菊酯类农药残留测定的不确定度主要来源于测量全过程的重复性、标准物质、检测过程使用的仪器、玻璃量具等,每种来源又分别受不同因素的影响[7,8]。样品从称量到测定结果平行6次,取置信概率 $p=95\%$,按正态分布,取 $K=2$,因此,相对扩展不确定度为:$U=KU$,由实验数据的平均值 $\bar{x}$ 计算得样品中9种农药的含量,结果表示为 $X$ (mg/kg)$=\bar{x}\pm\bar{x}U$[9]。从评定的结果看,方法重复性和容量器具的不确定度对结果的影响贡献更大,而标准物质的不确定度对结果贡献可以忽略。

**表3 9种农药的扩展不确定度及测试结果($n=6$)**

| 农药名称 | 平均值($\bar{x}$)/(mg/kg) | 标准不确定度合成($U$) | 不确定度结果($X$)/(mg/kg) |
|---|---|---|---|
| 百菌清 | 0.087 | 0.021 | 0.087±0.003 7 |
| 三唑酮 | 0.023 | 0.033 | 0.023±0.001 3 |
| 腐霉利 | 0.060 | 0.023 | 0.06±0.002 8 |
| 甲氰菊酯 | 0.059 | 0.030 | 0.059±0.003 6 |
| 高效氯氟氰菊酯 | 0.026 | 0.018 | 0.026±0.000 9 |
| 氟氯氰菊酯 | 0.010 | 0.033 | 0.01±0.000 7 |
| 氯氰菊酯 | 0.027 | 0.025 | 0.027±0.001 4 |
| 氰戊菊酯 | 0.058 | 0.026 | 0.058±0.003 0 |
| 溴氰菊酯 | 0.049 | 0.021 | 0.049±0.002 1 |

# 6 小结与讨论

①9种农药在0.01~0.2 μg/mL浓度范围内,浓度和响应值线性关系良好;方法检出限为0.002~0.009 mg/kg,方法回收率为80%~105%,变异系数均小于10,该分析方法的重复性和容量器具的不确定度是影响测量结果的主要因素。

②以上数据表明该检测方法符合标准[10]要求,该方法具有高选择性、高分离效能、高灵敏度和快速的优点,适用于我们的日常监督检测。

③由于该前处理方法对于样品的形态没有特别的要求,可适用于我们生活中常见的水果和蔬菜中有机氯、拟除虫菊酯类农药残留的检测[11]。

## 参考文献

[1] 刘宏伟.水果蔬菜中17种有机氯和拟除虫菊酯类农药残留检测方法研究.中国计量,2013(7):85-86.

[2] 张艳丽，刘宏伟，宋保军，等.农产品实验室能力验证过程中的质量控制.分析仪器，2013(6):29-31.

[3] 农业部环境质量监督检验测试中心(天津). NY/T 761—2008.蔬菜水果中有机磷、有机氯、拟除虫菊酯和氨基甲酸酯类农药多残留的测定.北京:中国农业出版社，2008.

[4] 北京锦绣大地农业股份有限公司(检测中心). GB/T 8855—2008. 新鲜水果和蔬菜取样方法. 北京:中国标准出版社，2008.

[5] 钱传范.农药残留分析原理与方法.北京:化学工业出版社，2011:28-29.

[6] 中华人民共和国浙江出入境检验检疫局. GB/T 27404—2008. 实验室质量控制规范　食品理化检测. 北京:中国标准出版社，2008.

[7] 胡西洲，樊铭勇，胡定金.气相色谱法测定蔬菜中菊酯类农药残留量的不确定度评定.湖北农业科学，2010(11):2895-2897.

[8] 尚德军，王军，董振霖.气相色谱法测定马铃薯粉中毒死蜱和马拉硫磷农药残留量的测量不确定度评估.现代测量与实验室管理，2010(6):12-15.

[9] 潘灿平，钱传范，江树人.农药残留分析不确定度的评价及其应用.现代农药，2002(2):12-14.

[10] 中华人民共和国浙江出入境检验检疫局. GB/T 27404—2008. 实验室质量控制规范 食品理化检测. 北京:中国标准出版社，2008.

[11] 钱传范.农药残留分析原理与方法.北京:化学工业出版社，2011:26-32.

# 富士苹果果期实施机械深施肥效果初探

周明源　路　河　刘宝文　高　丽

（北京市昌平区农业技术推广中心，北京，102200）

**摘　要**：以不同树龄的富士苹果树为试材，在果期对其进行3次机械深施肥，肥料为圣诞树水溶肥，含量为16-8-34（N-P-K），简单测试机械深施肥对富士苹果产量及品质的影响。结果表明，对富士苹果树果期进行机械深施肥，2个果园的施肥区的平均单果重比对照区分别提高了12.43%和9.61%；果实横径施肥区比对照区分别高出1.85%和4.64%；果实纵径施肥区比对照区分别高出1.54%和3.15%；可溶性糖含量施肥区比对照区分别高出0.38%和3.24%，亩产施肥区比对照区分别高出12.47%和9.61%。

**关键词**：苹果，肥料，品质

苹果产业是昌平区优势主导产业。全区现有苹果种植面积3.4万亩，以富士为主要栽培品种、王林为授粉品种，年产优质苹果2 500万kg。苹果树的适宜追肥时期一般分为3个时期，即开花前、开花后和果实膨大期。近年来果农多采取冬季施肥的方法来补充土壤养分，很少进行花、果期追肥，因冬季正处在农闲时期，有富余劳动力，花果期施肥若采取沟施、穴施等方式均耗费人工较多，增加了用工成本。果树需肥时期特点和追肥耗费人工成本较多形成了矛盾。本试验主要对富士苹果树果期用施肥枪进行机械深施肥的效果进行初步的探究，以分析出用施肥枪在果期对富士苹果树进行机械深施肥的效果。

## 1　材料与方法

### 1.1　试验材料

昌平区崔村镇真顺村赵全昌果园和兴寿镇桃林村王怀江果园的富士苹果树为试验材料，供试肥料为北京富特森农业科技有限公司生产的圣诞树水溶肥，含量为16-8-34（N-P-K）。

### 1.2 试验方法

对 2 个试验果园分别划分农户常规施肥区和施肥枪机械深施肥区，真顺村赵全昌果园施肥区面积和对照区面积分别为 1.5 亩，桃林村王怀江果园施肥区面积和对照区面积分别为 2.2 亩，对施肥区的果树用施肥枪分别于 7 月 29 日、8 月 20 日和 9 月 15 日分别进行 3 次追肥，肥液浓度为 5.6%，对根际分 10 点进行施肥，施肥深度为 20 cm。真顺赵全昌果园和桃林王怀江果园亩用量分别为 20 kg 和 13.6 kg。取样方法为每个处理选取 3 棵树，每棵树采取上、中、下层分别取样，每层分别取 3 个，每个处理 9 个果实样品。共取 36 个果实，作为试验材料。

用天平测定果实的单果重，用游标卡尺测定果实的横纵径，用手持测糖仪测定果实的可溶性固形物含量。每个所列数据均为该处理 9 个果实的平均数。对 2 个果园分别取 9 棵树做结果数调查，并取其平均数，崔村镇真顺村赵全昌果园每棵树的平均结果数为 188.5 个，兴寿镇桃林村王怀江果园每棵树的平均结果数为 84.75 个。

## 2 结果与分析

### 2.1 深施肥对果实横径的影响

从表 1 可以看出，经过深施肥，2 个试验果园果实横径较对照分别高出 1.85% 和 4.64%，果实横径增加明显。

**表 1 深施肥对果实横径的影响**

| 试验地点 | 施肥处理<br>果实横径/cm | 对照果实<br>横径/cm | 增加率/% |
|---|---|---|---|
| 真顺 | 8.26 | 8.11 | 1.85 |
| 桃林 | 8.34 | 7.97 | 4.64 |

### 2.2 深施肥对果实纵径的影响

从表 2 可以看出，经过深施肥，2 个试验果园果实纵径较对照分别高出 1.54% 和 3.15%，果实纵径增加明显。

**表 2 深施肥对果实纵径的影响**

| 试验地点 | 施肥处理<br>果实纵径/cm | 对照果实<br>纵径/cm | 增加率/% |
|---|---|---|---|
| 真顺 | 6.59 | 6.49 | 1.54 |
| 桃林 | 6.54 | 6.34 | 3.15 |

## 2.3 深施肥对果形指数的影响

如表3所示，深施肥在桃林王怀江果园表现出果形指数有所降低，对真顺果园的果形指数未呈现出影响。由深施肥对果形指数的影响还需进一步试验。

**表3 深施肥对果形指数的影响**

| 试验地点 | 施肥处理果形指数 | 对照果形指数 |
|---|---|---|
| 真顺 | 0.80 | 0.8 |
| 桃林 | 0.78 | 0.8 |

## 2.4 深施肥对平均单果重的影响

如表4所示，对富士苹果树进行果期机械深施肥，施肥区较对照区的平均单果重分别提高了28.7 g和21.7 g，增加率分别为12.43%和9.61%，平均单果重提升非常明显。

**表4 深施肥对平均单果重的影响**

| 试验地点 | 施肥处理平均单果重/g | 对照平均单果重/g | 增加率/% |
|---|---|---|---|
| 真顺 | 259.6 | 230.9 | 12.43 |
| 桃林 | 247.4 | 225.7 | 9.61 |

## 2.5 深施肥对果实可溶性固形物的影响

通过表5可以看出，机械深施肥区的苹果可溶性固形物含量比对照区的分别高出0.38%和3.24%，说明果期进行机械深施肥对苹果可溶性固形物含量有提升作用。

**表5 深施肥对果实可溶性固形物的影响** %

| 试验地点 | 施肥处理可溶性固形物含量 | 对照可溶性固形物含量 | 增加率 |
|---|---|---|---|
| 真顺 | 13.17 | 13.12 | 0.38 |
| 桃林 | 13.72 | 13.29 | 3.24 |

## 2.6 深施肥对增产效果的影响

机械深施肥对富士苹果的产量可从表6看出，真顺和桃林2个果园的机械深施肥区域亩产均比对照区亩产高，产量分别提高12.47%和9.61%。深施肥对富士苹果增产效果明显。

表 6　深施肥对增产效果的影响

| 试验地点 | 施肥处理亩产量/kg | 对照亩产量/kg | 增加率/% |
|---|---|---|---|
| 真顺 | 2 153.95 | 1 915.08 | 12.47 |
| 桃林 | 1 509.63 | 1 377.22 | 9.61 |

## 3　结论与讨论

本试验表明，在富士苹果树果期对其用圣诞树水溶肥进行 3 次追肥后，2 个果园的施肥区的平均单果重比对照区分别提高了 12.43%和 9.61%；果实横径施肥区比对照区分别高出 1.85%和 4.64%；果实纵径施肥区比对照区分别高出 1.54%和 3.15%；可溶性糖含量施肥区比对照区分别高出 0.38%和 3.24%，施肥区亩产比对照区分别高出 12.47%和 9.61%。说明通过机械深施肥，明显地改善了果实的品质，增加了产量。果形指数 2 个试验园区表现不一，通过机械深施肥进行追肥对果形指数产生的影响还有待进一步的试验研究。通过本试验表明机械深施肥具有提高果实品质和产量的作用，且操作简便，节省人工，在生产中具有可推广性。

# 昌平区耕地质量监测点养分变化分析

周向东　孙雪娇　周明源　王金凤

（北京市昌平区土肥站，北京，102200）

**摘　要：**自2006年以来，昌平区在全区范围内建立了13个长期耕地质量监测点。通过对监测地块土壤有机质、全氮、有效磷、速效钾单项养分的监测，掌握全区不同种植作物土壤的养分变化状况和水平，为合理利用土地，保护和提高地力，指导农业生产服务。

**关键词：**耕地质量，养分，分析

随着昌平区农业种植结构的不断调整，农作物种植种类和种植面积不断发生变化，粮食作物种植面积减少，果树、蔬菜、草莓和各种经济作物种植面积逐年增加，为适时掌握不断变化的施肥情况和土壤养分的变化情况，自2006年以来在全区7个乡镇建立13个相对固定的监测点，连续7年监测土壤养分的变化情况，为指导农民科学施肥提供依据。

## 1　监测点的分布及土样的采集

### 1.1　监测点分布

13个项目监测点主要分布在马池口镇、崔村镇、兴寿镇、南邵镇、流村镇、十三陵镇、阳坊镇等主要粮、菜、果产区，监测点面积1 948亩（表1，图1）。

**表1　取样作物类型和面积**

| 类型 | 点数 | 面积/亩 | 所占比例/% |
|---|---|---|---|
| 粮田 | 4 | 1 040 | 53.3 |
| 菜田（含草莓） | 5 | 346 | 17.8 |
| 果园 | 4 | 562 | 28.9 |
| 合计 | 13 | 1 948 | 100.00 |

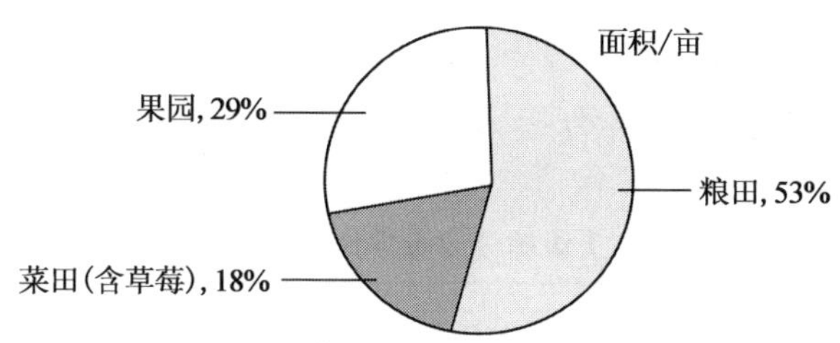


图 1　粮田、菜田、果园所占比例

## 1.2　土样采集以及分析方法

### 1.2.1　土样的采集

所取土样均为耕层土壤，取样深度 0～20 cm 和 20～40 cm 2 层，取样采用对角线和棋盘法多点取样，取样后速冻保存并送北京市新型肥料监督检验站进行养分检测。

### 1.2.2　土样检测方法

分析项目及分析方法：有机质采用磷酸浴法，全氮采用凯氏定氮法，有效磷采用碳酸氢钠或氟化铵—盐酸浸提——钼锑抗比色法、速效钾采用乙酸铵浸提——火焰光度计法或原子吸收分光光度计法。

# 2　肥力分级与评价方法

土壤养分含量分级标准参照适用于北京市粮田、菜田和果园用地土壤的《北京市土壤养分评价指标》进行评价。

## 2.1　有机质、全氮、有效磷、速效钾单项养分的评价

土壤养分分等定级评价选择土壤有机质、全氮(N)、有效磷(P)和速效钾(K)共 4 个指标，各指标的评分规则如表 2 所示。

表 2　北京市土壤养分指标评分规则

| 养分指标 | 评分标准 | | | | |
|---|---|---|---|---|---|
| | 极高 | 高 | 中 | 低 | 极低 |
| 有机质/(g/kg) | ≥25 | 20～25 | 15～20 | 10～15 | <10 |
| 全氮(N)/(g/kg) | ≥1.20 | 1.00～1.20 | 0.80～1.00 | 0.65～0.80 | <0.65 |
| 碱解氮(N)/(mg/kg) | ≥120 | 90～100 | 60～90 | 45～60 | <45 |
| 有效磷(P)/(mg/kg) | ≥90 | 60～90 | 30～60 | 15～30 | <15 |
| 速效钾(K)/(mg/kg) | ≥155 | 125～155 | 100～125 | 70～100 | <70 |

注：各指标数值分级区间的分界点包含关系均为下(限)含上(限)不含，例如有机质“高”等级中，“20～25”表示“大于或等于 20，且小于 25 的区间值”，其他类同。

## 2.2 土壤养分综合评价

根据土壤养分特点和各养分指标在土壤肥力构成中的贡献，各指标的评分规则如表 3 所示。

**表 3 土壤养分综合评价指标评分规则**

| 项目 | 评分标准 | | | | |
|---|---|---|---|---|---|
| | 极高 | 高 | 中 | 低 | 极低 |
| 有机质/(g/kg) | ≥25 | 20～25 | 15～20 | 10～15 | <10 |
| 分值 | 100 | 80 | 60 | 40 | 20 |
| 全氮(N)/(g/kg) | ≥1.20 | 1.00～1.20 | 0.80～1.00 | 0.65～0.80 | <0.65 |
| 分值 | 100 | 80 | 60 | 40 | 20 |
| 有效磷(P)/(mg/kg) | ≥90 | 60～90 | 30～60 | 15～30 | <15 |
| 分值 | 100 | 80 | 60 | 40 | 20 |
| 速效钾(K)/(mg/kg) | ≥155 | 125～155 | 100～125 | 70～100 | <70 |
| 分值 | 100 | 80 | 60 | 40 | 20 |

注：各指标数值分级区间的分界点包含关系均为下(限)含上(限)不含，例如有机质“20～25”表示“大于或等于 20，且小于 25 的区间值”，其他类同。

### 2.2.1 土壤综合养分指数计算

计算每个评价地块的养分综合指数，采用加法模型：

$$I = \sum F_i \times W_i (i = 1, 2, 3, \cdots, n)$$

式中：$I$ 为地块养分综合指数，$F_i$ 为第 $i$ 个指标评分值，$W_i$ 为第 $i$ 个指标的权重。即各单项分值与表 4 权重($W$) 的乘积之和即为该地块土壤肥力的综合评价指标。

### 2.2.2 土壤养分综合评价等级划分

根据计算得到的养分综合指数，依据土壤养分等级划分规则（表 5）将土壤养分综合评价值等级划分为“极高、高、中、低和极低”共 5 个等级。

**表 4 指标权重**

| 项目 | 权重($W$) |
|---|---|
| 有机质 | 0.25 |
| 全氮(N) | 0.25 |
| 有效磷(P) | 0.25 |
| 速效钾(K) | 0.25 |
| 合计 | 1.00 |

**表 5 土壤养分等级划分规则**

| 等级 | 综合指数($I$) |
|---|---|
| 极高 | 95～100 |
| 高 | 75～95 |
| 中 | 50～75 |
| 低 | 30～50 |
| 极低 | 0～30 |

注：综合评分数值分级区间的分界点包含关系均为下(限)含上(限)不含，如有“高”等级中，“75～95”表示“大于或等于 75，且小于 95 的区间值”，其他类同。

# 3 监测点土壤养分变化情况

## 3.1 监测点土壤全氮变化情况

从表 6 和图 2 全氮监测结果可以看出，粮田全氮已由中等水平提升到高等水平，7 年来变化幅度不大，维持在 1.0 g/kg 水平左右。菜田和果园的全氮水平较高。

表 6 全氮变化情况 g/kg

| 年份 | 果园 | 菜田 | 粮田 |
|---|---|---|---|
| 2006 | 1.61 | 1.64 | 1.0 |
| 2007 | 1.15 | 1.45 | 0.95 |
| 2008 | 1.81 | 1.21 | 0.96 |
| 2009 | 1.57 | 1.73 | 0.99 |
| 2010 | 1.72 | 1.57 | 1.28 |
| 2011 | 1.71 | 1.94 | 1.1 |
| 2012 | 1.6 | 1.53 | 1.1 |

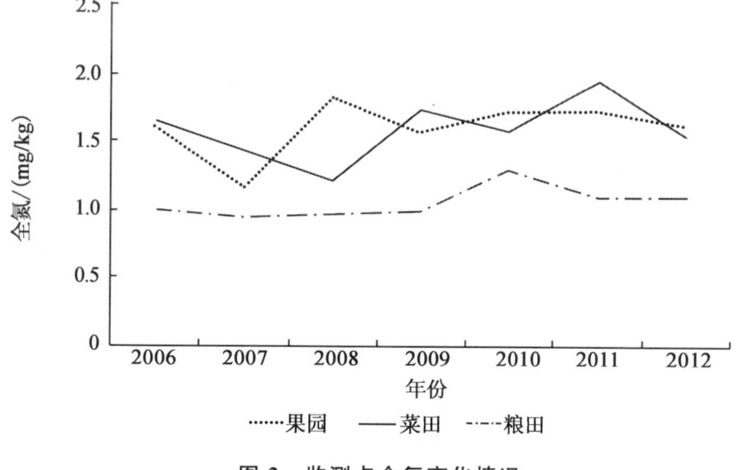


图 2 监测点全氮变化情况

## 3.2 监测点土壤有机质变化情况

从表 7 和图 3 有机质监测结果可以看出，粮田有机质含量逐年增加，已由中等水平提升至高等水平，与全氮变化趋势相吻合。秸秆还田和农田有机肥培肥地力作用明显。果园和菜田的有机质水平较高，菜田有机质呈现逐年上升趋势。

表 7　有机质变化情况　g/kg

| 年份 | 果园 | 菜田 | 粮田 |
|---|---|---|---|
| 2006 | 24.9 | 25.4 | 15.5 |
| 2007 | 18.7 | 22.4 | 15.2 |
| 2008 | 27.1 | 20.3 | 18.6 |
| 2009 | 25.6 | 27.6 | 17.2 |
| 2010 | 27.9 | 26.2 | 24.3 |
| 2011 | 24.1 | 29.7 | 18.3 |
| 2012 | 24.0 | 26.5 | 19.9 |

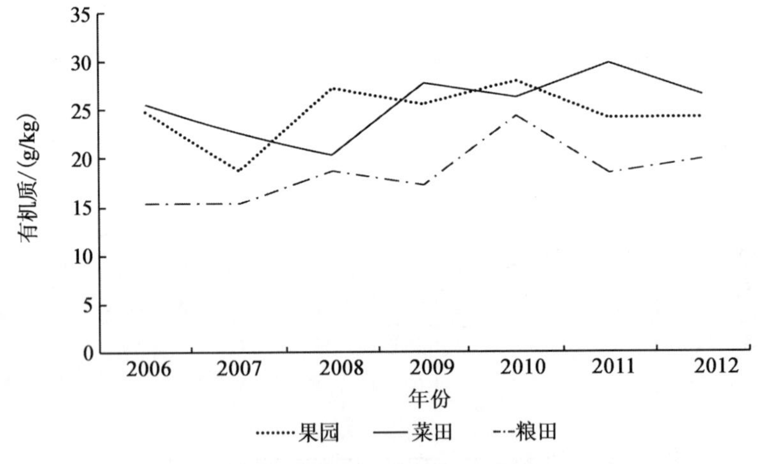


图 3　监测点有机质变化情况

## 3.3　监测点土壤有效磷变化情况

从表 8 和图 4 有效磷监测结果可以看出，粮田有效磷含量变化明显，已由较低水平提升至中等水平，果园和菜田的有效磷含量每年波动较大，但保持在较高水平。菜田近 3 年来呈现逐年上升趋势。

表 8　有效磷变化情况　mg/kg

| 年份 | 果园 | 菜田 | 粮田 |
|---|---|---|---|
| 2006 | 185.8 | 242.7 | 21.0 |
| 2007 | 174.7 | 159.9 | 13.6 |
| 2008 | 272.0 | 90.2 | 16.3 |
| 2009 | 125.4 | 216.1 | 21.3 |
| 2010 | 113.1 | 61.3 | 29.3 |
| 2011 | 200.0 | 178.8 | 40.7 |
| 2012 | 176.7 | 248.2 | 58.9 |

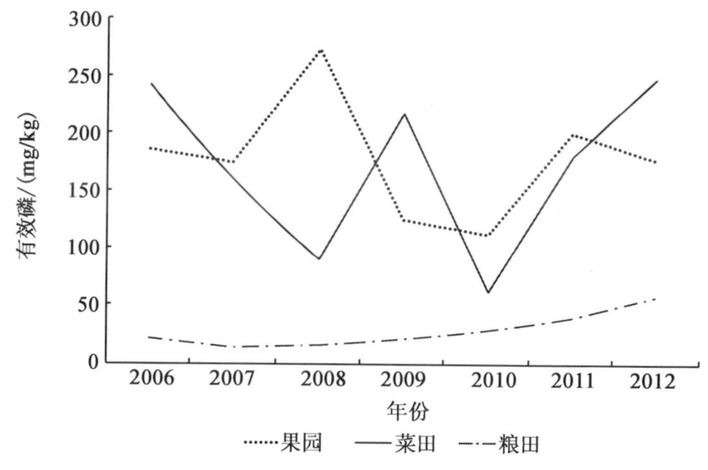


图 4　监测点有效磷变化情况

## 3.4　监测点土壤速效钾变化情况

从表 9 和图 5 速效钾的监测结果可以看出，粮田速效钾水平变化不大，一直在中等偏低的水平，菜田速效钾含量呈现上升趋势并保持较高水平，果园的速效钾含量一直保持在较高水平，但已由最高的 800 mg/kg 下降至 350 mg/kg。

表 9　速效钾变化情况　　mg/kg

| 年份 | 果园 | 菜田 | 粮田 |
|---|---|---|---|
| 2006 | 333.6 | 126.3 | 70.4 |
| 2007 | 465.0 | 257.7 | 148.2 |
| 2008 | 818.0 | 239.0 | 117.0 |
| 2009 | 350.3 | 210.0 | 107.8 |
| 2010 | 296.9 | 178.9 | 147.9 |
| 2011 | 539.5 | 281.8 | 139.1 |
| 2012 | 340.1 | 178.6 | 100.8 |

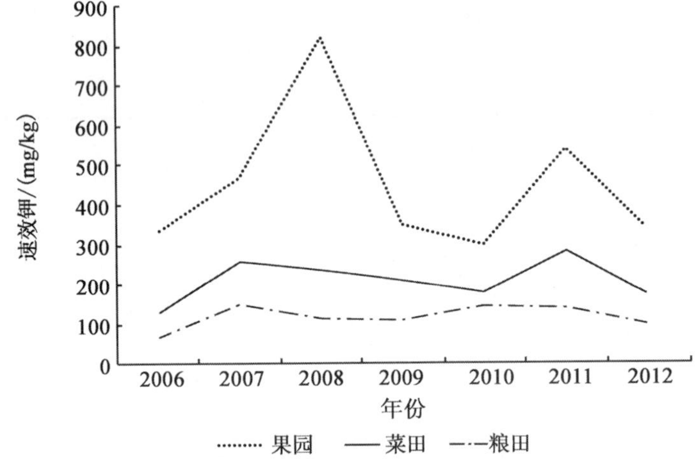


图 5　监测点速效钾变化情况

## 4　结论

通过对监测点不同种植作物的土壤养分进行连续监测表明，监测点的菜田和果园的地力水平整体偏高，特别是果园的各项养分指标一直处在极高的水平，基于以上情况，建议做好如下工作。

①继续做好测土配方施肥工作，通过测定土壤养分含量，根据土壤不同的养分含量和不同种植作物的需肥规律，实行“对症下药”的方法，逐步减少不合理施肥，特别是果园和菜田的磷钾肥的投入量，降低肥料的投入，在提高农产品的品质的同时起到增收的作用。

②结合农业综合开发以及有机肥培肥地力等项目的开展，增加粮田有机肥的施用量，提高地力水平；针对粮田缺磷的状况，应加大粮田磷肥的施入量；减少单一养分肥料的使用，增加配方肥的施入量，逐步提升粮田整体养分水平。

## 参考文献

[1] 刘夏石．计算施肥学与理性农业的探索．南京：东南大学出版社，2003：244.

[2] 全国农业技术推广服务中心．耕地地力评价指南．北京：中国农业科学技术出版社，2006：6.

[3] 陈海燕，彭补拙．耕地保护的一般原则与模式研究．南京大学学报（自然科学版），2001(3)：304-310.

[4] 唐健．基本农田保护——问题与对策．中国土地，2004(7)：24-28.

[5] 周申立，薛宗保，杨位飞，等．低山丘陵区土地整理与土地持续利用——以广安区为例．山地农业生物学报，2006(5)：440-445.

[6] NY/T309—1996．全国耕地类型区、耕地地力等级划分.

[7] 王丽，贾明英，任玉彪．四子王旗测土配方施肥现状与发展对策．内蒙古农业科技，2009(2)：96-97.

[8] 王爱萍．测土配方施肥探析．现代农业科技，2010(5)：267，270.

# 鸢尾 IRAP 分子标记体系的建立与优化

孙 茜[1] 张 曦[2] 刘 敏[1] 田炜玮[3] 齐长红[1]

(1.北京市昌平区农产品监测检测中心,北京,102200;2.全国农业技术推广服务中心,北京,102200;3.北京市昌平区农业服务中心,北京,102200)

**摘 要**:为确保鸢尾 IRAP 反应结果的稳定性和重复性,本文对影响鸢尾 IRAP 反应的重要因素进行了初步研究,建立并优化了鸢尾 IRAP 分子标记技术体系。优化的鸢尾 IRAP 分子标记体系为:20 μL 反应液中,10×Buffer 2 μL,2.5 mmol/L $MgCl_2$,2.5 mmol/L dNTPs,Taq 酶 1.0 U,0.3 μmol/L 引物,DNA 模板 30 ng。PCR 反应程序为:94℃预变性 4 min,然后按 94℃变性 30 s,48℃退火 30 s,72℃延伸 2 min,进行 40 个循环,循环结束后 72℃延伸 10 min,4℃终止反应保存。

**关键词**:鸢尾,分子标记,IRAP

**Abstract**: The optimum reaction system of IRAP in *iris* was studied in order to ensure stability and reproducibility of IRAP. After testing some important influencing factors of IRAP in *iris*, the inter-retrotransposon amplified polymorphism (IRAP) molecular marker system was established. Results showed that in 20 μL reaction system the optimal reaction system of IRAP-PCR was as follows: 10× Buffer 2 μL, 2.5 mmol/L $MgCl_2$, 2.5 mmol/L dNTPs, Taq DNA polymerase 1.0 U, primer 0.3 μmol/L, template DNA 30 ng. The optimal amplification procedure was as follow: pre-denature at 94℃ for 4 min, amplification was carried out in 40 cycles at 94℃ for 30 sec, 48℃ for 30 sec and 72℃ for 2 min, with final extension at 72℃ for 10 min. 4℃ terminate reaction save.

**Key words**: Iris, Molecular Marker, IRAP

IRAP(inter-retrotransposon amplified polymorphism)是由 Kalendar 建立的一种用来检测反转录转座子插入位点间的多态性的分子标记技术[1]。其原理是根据反转录转座子 LTR(long terminal repeat)的保守序列而设计引物,这些引物在 PCR 过程中可以与 LTR 反转录转座子的相应区域退火,从而扩增出相邻的同一家族的反转录转座子成员间的片段。也可根据反转录酶基因的相对保守序列设计引物进行扩增。目前,IRAP 标记技术已应用于大麦、柑橘、网茅、马铃薯等植物的遗传研究中[1-5]。植物反转录转座子具有存在广泛、高拷贝数、插入位点专一性等特点,可用于研究植物基因组的组成,表达调控、基因组进化、系统发育及生物多样性等。

本文对影响鸢尾 IRAP 反应的退火温度、PCR 反应循环数、$MgCl_2$、dNTPs、Taq 酶、引物、模板浓度等重要因素进行了初步研究,建立并优化鸢尾 IRAP 分子标记技术体系。

# 1 材料与方法

## 1.1 试验材料

本试验选用的鸢尾实验材料,取样于北京农学院生物技术学院实验大棚。

## 1.2 基因组 DNA 的提取

取鸢尾幼苗新鲜叶片,用 CTAB 法提取基因组 DNA。

## 1.3 IRAP 分析

### 1.3.1 IRAP-PCR 引物的设计与合成

根据已报道的烟草的反转录转座子 LTRs 保守区域设计 IRAP 引物,由上海生工生物工程有限公司合成。引物序列为 TATGCTGACCAAGGTGGTAC。

### 1.3.2 IRAP-PCR 反应程序的建立

在预备实验基础上,设定 PCR 基本扩增程序为:

| | | | |
|---|---|---|---|
| 预变性 | 94℃ | 4 min | 40 个循环 |
| 变性 | 94℃ | 30 s | |
| 退火 | 48℃ | 30 s | |
| 延伸 | 72℃ | 2 min | |
| 充分延伸 | 72℃ | 10 min | |

### 1.3.3 IRAP-PCR 扩增反应体系的优化

在预备实验基础上,设定 PCR 基本反应体系为:总体积 20 mL,内含 10× Buffer 2 mL,模板 DNA 30 ng,2.5 mmol/L $Mg^{2+}$,2.5 mmol/L dNTPs,0.3 mmol/L 引物,Taq DNA 聚合酶 1 U。

PCR 反应的各组分浓度优化条件见表 1。在保持其他因素一致的条件下,变化单一因子,筛选最优参数。

表 1 IRAP-PCR 扩增反应体系的优化

| 反应成分 | 浓度优化 | | | | |
|---|---|---|---|---|---|
| Template DNA/ng | 30 | 40 | 50 | 60 | 70 |
| $MgCl_2$/(mmol/L) | 1.5 | 2.0 | 2.5 | 3.0 | 3.5 |
| dNTPs/(mmol/L) | 1.0 | 2.5 | 2.0 | 3.5 | 3.0 |
| Primer/(mmol/L) | 0.2 | 0.3 | 0.4 | 0.5 | 0.6 |
| Taq DNA polymerase/U | 0.25 | 0.50 | 0.75 | 1.00 | 1.25 |

### 1.3.4 PCR 产物检测

PCR 扩增完成后，取 8 μL PCR 扩增产物和 3 μL 荧光染料混匀上样于 1%琼脂糖凝胶中，在 1×TBE 缓冲液中以 80 V 电压电泳 60 min。胶置于 Bio-Rad Gel DocTMXR 型凝胶成像系统中观察并摄影记录。

# 2 结果与分析

## 2.1 IRAP-PCR 扩增程序的建立

本实验设计 42～54℃ 5 个梯度对最适退火温度进行筛选，结果表明(图 1)，在预设定的 5 个不同退火温度下，不同的退火温度条带数量存在差异。当退火温度为 48℃时，条带清晰。退火温度过高，引物扩增的特异性加强，导致条带减少，信息量降低。所以，为获得稳定有效的条带，综合多方面因素，退火温度选择 48℃为理想。

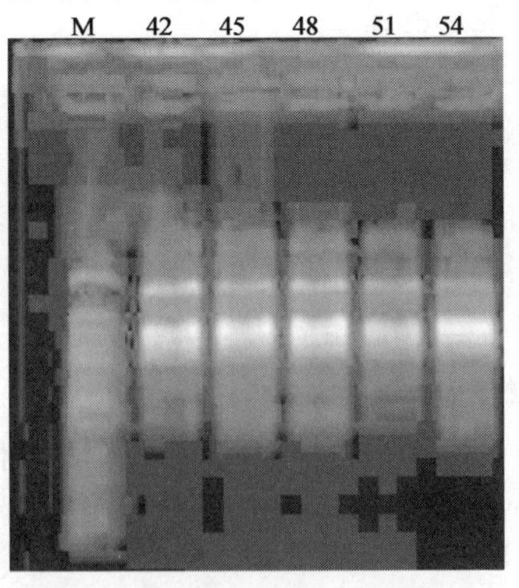


图 1 不同退火温度的扩增结果

M：Maker，单位：℃

## 2.2 鸢尾 IRAP 扩增反应条件的优化

### 2.2.1 不同 DNA 模板浓度对 IRAP 反应的影响

如图 2 所示，当 DNA 模板量为 30 ng/μL 时，条带缺失严重，产率较低。当 DNA 模板量为 40 ng/μL 时，部分条带模糊不清晰。当 DNA 模板量为 50 ng/μL 时，扩增趋于稳定，条带清晰。因此，在设定的浓度梯度范围内 DNA 用量在 50 ng/μL 时效果较好。

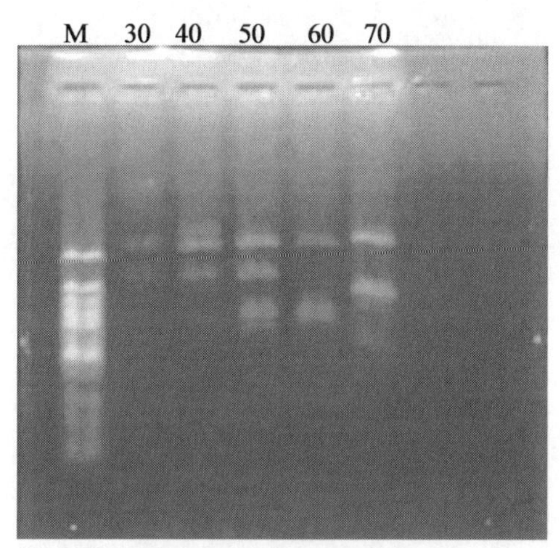


**图 2 模板 DNA 浓度的影响**

M：Maker，单位：ng/μL

### 2.2.2 不同 $Mg^{2+}$ 浓度对 IRAP 反应的影响

如图 3 所示，可以看出 $Mg^{2+}$ 浓度在 1.5 mmol/L 时没有扩增条带，在 2.0 mmol/L 时扩增条带少，且模糊不清晰。在 2.5 mmol/L 时条带数目多，且清晰明亮。在 3.0 mmol/L 和 3.5 mmol/L 时虽也有扩增产物，且特异性较好，但产量不高，有缺失带现象。因此从产量和扩增主带条数角度分析，$Mg^{2+}$ 浓度为 2.5 mmol/L 时比较理想。

### 2.2.3 不同 dNTPs 浓度对 IRAP 反应的影响

如图 4 所示，dNTPs 浓度为 1.0～2.0 mmol/L 时，扩增信号明显减弱，条带亮度降低，多数条带缺失；当 dNTPs 浓度在 2.5 mmol/L 时，扩增产物清晰，条带数量多，结果理想；浓度达到 3.0 mmol/L 时，扩增产物有所减少，仅有主带明亮清晰。为保证理想的扩增效果，将 dNTPs 适宜浓度定为 2.5 mmol/L。

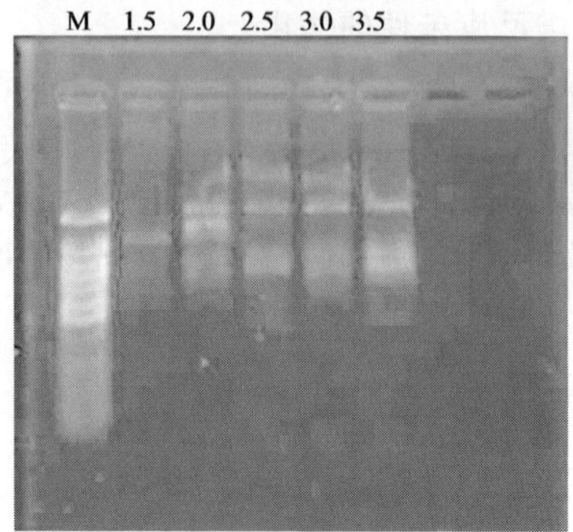


**图 3　$Mg^{2+}$浓度的影响**

M:Maker,单位:mmol/L

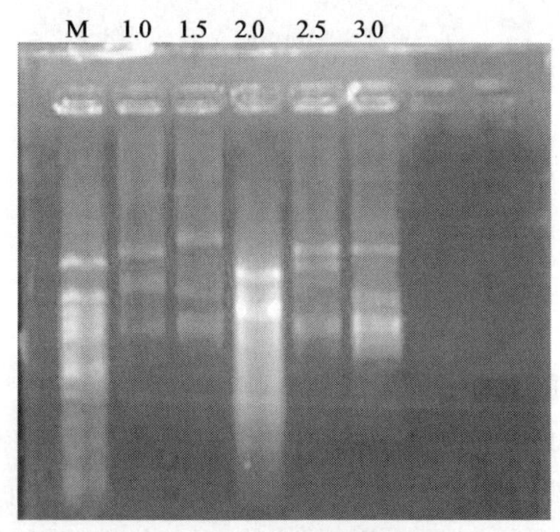


**图 4　dNTPs 浓度的影响**

M:Maker,单位:mmol/L

### 2.2.4　不同引物浓度对 IRAP 反应的影响

如图 5 所示,不同引物浓度对 IRAP 反应的影响较大,当引物浓度为 0.3 mmol/L 时,条带清晰稳定;引物浓度太低(0.2 mmol/L)或太高(0.4～0.6 mmol/L)时,都会出现条带弥散、主带不清晰或部分缺失。这主要是由于与模板 DNA 配对结合量过少或错配结合位点过多,使扩增产物不充足或产生非特异性条带。因此,引物浓度为 0.3 mmol/L 时较好。

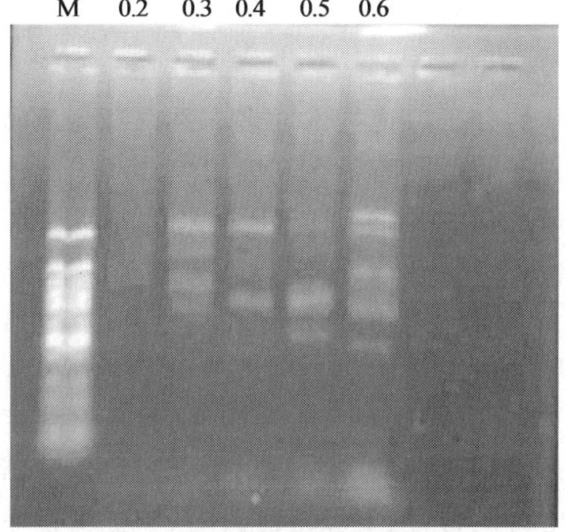


**图5 引物浓度的影响**

M:Maker,单位:μmol/L

### 2.2.5 不同Taq DNA聚合酶浓度对IRAP反应的影响

如图6所示,当Taq DNA聚合酶用量为0.25、0.75和1.25 U时,扩增的条带较少,且个别主条带变弱;当用量升为0.50 U时,主条带变弱,总条带数减少;用量为1.00 U时,扩增条带清晰,且数量多。因此从经济角度和实验效果综合考虑,Taq DNA聚合酶用量以1.0 U为宜。

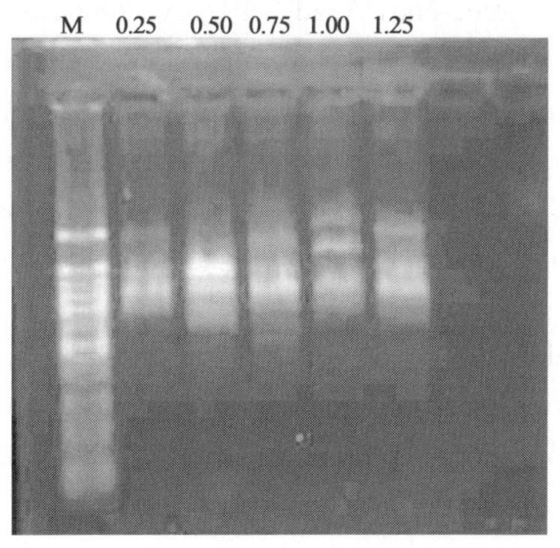


**图6 Taq DNA聚合酶浓度的影响**

M:Maker,单位:U

## 3 讨论

基于反转录转座子的分子标记技术的多态性来源于反转录转座子结构、组成、分布和生物学过程[6]。反转录转座子在基因组中的高丰度性使得 LTRs 引物可以用来检测反转录转座子之间的关系。IRAP 用来检测反转录转座子插入位点间多态性的分子标记,根据反转录转座子的 LTRs 包含的保守序列设计出引物,在 PCR 过程中与 LTRs 反转录转座子的相应区域退火,扩增出相邻的同一家族的反转录转座子成员间的片段。由于 IRAP 也是基于 PCR 反应,所以其最终结果易受模板 DNA、$Mg^{2+}$、dNTPs、引物、Taq DNA 聚合酶、退火温度以及扩增循环数等因素的影响。因此筛选并固化以上反应参数对于获得稳定清晰的 IRAP 扩增结果十分必要。本研究以鸢尾为试材,从 PCR 反应体系和扩增程序环节对 IRAP 技术进行优化,建立了适合于该试材的 IRAP 分子标记体系,可以提高 IRAP 标记技术的检测效率,为进一步研究和利用鸢尾种质资源打好基础。

### 参考文献

[1] Kalendar R,Grob T,Regina M,et al. IRAP and REMAP:two new retrotransposon-based DNA finger-printing techniques. Theor Appl Genet,1999,98:704-711.

[2] Kalendar R,Tanskanen J,Immonen S,et al. Genome evolution of wild barley (Hordeum) by BARE-1 retrotransposon dynamics in response to sharp microclimatic divergence. Proc Natl Acad Sci USA, 2000, 97(12):6603-6607.

[3] Leigh F,Kalendar R,Lea V,et al. Comparison of the utility of barley retrotransposon families for genetic analysis by molecular marker techniques. Mol Genet Genom,2003,269(4):464-474.

[4] BrétoM P,Ruiz C,Pina J A. The diversification of Citrus clementina Hort. ex Tan. ,a vegetatively propagated crop species. Mol Phylogenet Evol,2001,21(2):285-293.

[5] Yannic G,Baumel A,Ainouche M. Uniformity of the nuclear and chloroplast genomes of Spartina maritina(Poaceae),a saltmarsh species in decline along the Western European Coast. Heredity,2004,93(2): 182-188.

[6] Kumar A,Bennetzen J I. Plant retrotransposons. Annu Rev Genet,1999,33:479-532.

# 昌平区土壤有效硼含量数据分析

张卫东　朱丽娟　沈　兰　张雪娇

（北京市昌平区农业技术推广中心，北京，102200）

**摘　要：**硼是植物必需的微量营养元素之一，为了维持正常的生理代谢活动，植物体内需要有一定的含量硼。土壤中能直接被植物吸收利用的硼主要是水溶态硼，即土壤有效态硼。根据昌平土肥站化验室检测数据，对昌平区土壤有效硼含量做数据分析。

**关键词：**硼，有效态硼，微量营养元素，数据分析

硼是植物所必需的微量元素。有关硼在植物中的生理作用，大致有以下几个方面：①硼是植物体各部分的组成成分，影响细胞膜形成。②硼参与分生组织的细胞公化过程。缺硼时，细胞分裂不良几天长点坏死。③硼促进碳水化合物的转化和运转，加快植株生长发育，促进早熟。④硼对叶绿素的形成和稳定性有良好作用，缺硼时，新叶白化，老叶早黄。⑤硼能抑制不害酚类化合物和木质素的生物合成，防止顶芽褐腐、心腐病。⑥硼对植物生殖器官的形成和发育起重要作用，促进花粉萌发，刺激花粉管伸长，对植物授精有特别影响，有利于种子形成，减少落花落果等作用。⑦硼能增加植物的抗逆性。能增强作物的抗旱、抗病能力；硼在作物体内有控制水分的作用，增强胶体结合水分的能力；施硼能促进维生素 C 形成，维生素 C 的增加可提高作物抗逆性。

昌平区土肥站化验室在测土配方施肥项目中，在昌平全区各镇平均分布，随机抽取 2 322 个土壤样品，对样品有效硼含量进行了检测，现对昌平全区，以及分别对草莓种植重点乡镇兴寿、崔村、南邵、百善，小汤山、沙河镇的有效硼含量检测数据做如下分析。

检测方法：沸水提取-甲亚胺比色法。

国际通用的划分土壤缺硼的标准，以土壤有效硼的含量来判断是否缺硼：①＜0.250 mg/kg，很低，为严重缺硼，植株有可见的缺硼症状；②0.25～0.50 mg/kg，低，为缺硼，缺硼敏感的植株对硼有反应；③0.50～1.00 mg/kg，中，施用硼肥可增产5%～10%；④1.00～2.00 mg/kg，高，一般硼肥可不施用；⑤＞2.00 mg/kg，很高，为

硼超量,硼肥不必施用(表 1)。

表 1　土壤有效态硼分级指标　mg/kg

| 项目 | 很低 | 低 | 中 | 高 | 很高 |
|---|---|---|---|---|---|
| 含量 | <0.25 | 0.25～0.50 | 0.51～1.00 | 1.01～2.00 | >2.00 |

# 1　分级结果

按照土壤有效态硼分级指标,昌平区土壤有效态硼检测数据 2 322 个分级结果如表 2 和图 1 所示。

表 2　昌平区土壤有效态硼分级

| 项目 | 很低 | 低 | 中 | 高 | 很高 |
|---|---|---|---|---|---|
| 含量/(mg/kg) | <0.25 | 0.25～0.50 | 0.51～1.00 | 1.01～2.00 | >2.00 |
| 土壤样品数量/个 | 143 | 333 | 677 | 943 | 226 |
| 所占比例/% | 6.16 | 14.3 | 29.2 | 40.6 | 9.73 |

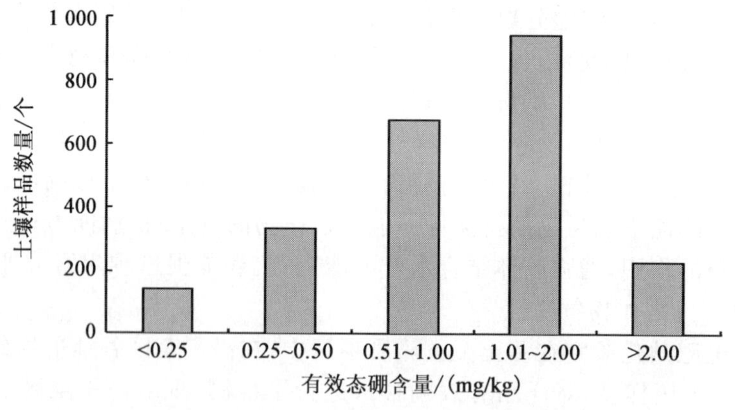


图 1　昌平区土壤有效态硼各级别的数量

昌平区土壤有效态硼分级后显示,昌平区严重缺硼土壤占 6.16%,缺硼土壤占 14.3%,含硼量中等土壤占 29.2%,含硼量高土壤占 40.6%,含硼量很高的土壤占 9.73%。其中 50.34%的土壤处于含硼量高的状态,49.66%的土壤在种植作物生长过程中需要不同量的补充硼肥。

# 2 有效态硼检测数据

按照土壤有效态硼分级指标，兴寿、崔村、南邵、百善、小汤山、沙河土壤有效态硼检测数据如下。

## 2.1 兴寿镇

兴寿镇有效态硼土壤样品检测 329 个，如表 3 和图 2 所示。

表 3 昌平区兴寿镇土壤有效态硼分级

| 项目 | 很低 | 低 | 中 | 高 | 很高 |
|---|---|---|---|---|---|
| 含量/(mg/kg) | <0.25 | 0.25～0.50 | 0.51～1.00 | 1.01～2.00 | >2.00 |
| 土壤样品数量/个 | 8 | 10 | 58 | 142 | 111 |
| 所占比例/% | 2.43 | 3.04 | 17.6 | 43.2 | 33.7 |

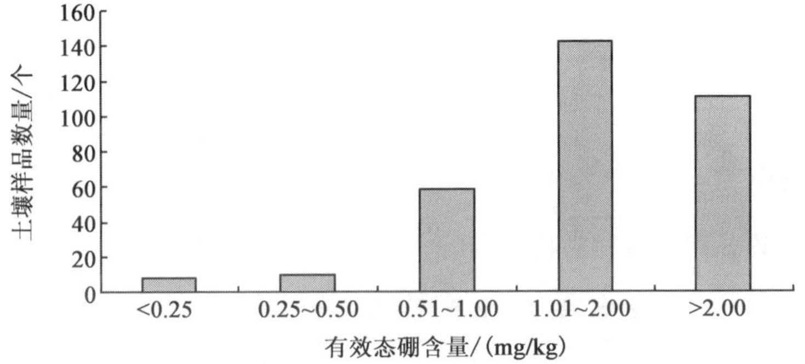


图 2 兴寿镇土壤有效态硼各级别数量

昌平区兴寿镇土壤有效态硼分级后显示，严重缺硼土壤占 2.43%，缺硼土壤占 3.04%，含硼量中等土壤占 17.6%，含硼量高土壤占 43.2%，含硼量很高的土壤占 33.7%。

## 2.2 崔村镇

崔村镇有效态硼土壤样品检测 190 个，如表 4 和图 3 所示。

表 4 昌平区崔村镇土壤有效态硼分级

| 项目 | 很低 | 低 | 中 | 高 | 很高 |
|---|---|---|---|---|---|
| 含量/(mg/kg) | <0.25 | 0.25～0.50 | 0.51～1.00 | 1.01～2.00 | >2.00 |
| 土壤样品数量/个 | 8 | 29 | 89 | 64 | 0 |
| 所占比例/% | 4.21 | 15.3 | 46.8 | 33.7 | 0 |

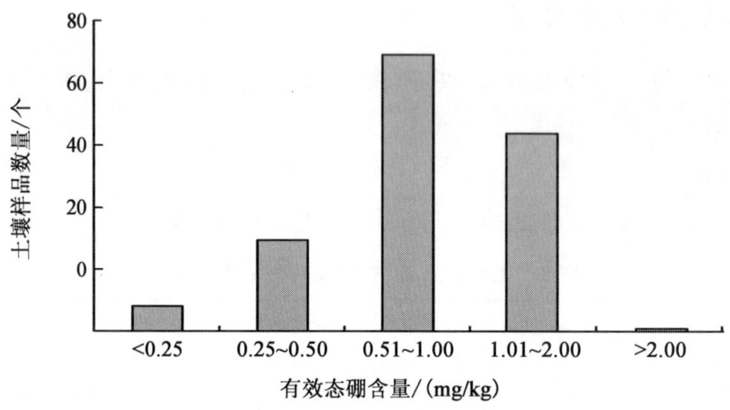


图 3　崔村镇土壤有效态硼各级别数量

昌平区崔村镇土壤有效态硼分级后显示，严重缺硼土壤占 4.21%，缺硼土壤占 15.3%，含硼量中等土壤占 17.6%，含硼量高土壤占 46.8%，含硼量很高的土壤是 0。

## 2.3　南邵镇

南邵镇有效态硼土壤样品检测 85 个，如表 5 和图 4 所示。

表 5　昌平区南邵镇土壤有效态硼分级

| 项目 | 很低 | 低 | 中 | 高 | 很高 |
|---|---|---|---|---|---|
| 含量/(mg/kg) | ＜0.25 | 0.25～0.50 | 0.51～1.00 | 1.01～2.00 | ＞2.00 |
| 土壤样品数量/个 | 0 | 4 | 14 | 63 | 4 |
| 所占比例/% | 0 | 4.71 | 16.5 | 74.1 | 4.71 |

昌平区南邵镇土壤有效态硼分级后显示，严重缺硼土壤是 0，缺硼土壤占 4.71%，含硼量中等土壤占 16.5%，含硼量高土壤占 74.1%，含硼量很高的土壤是 4.71%。

## 2.4　百善镇

百善镇有效态硼土壤样品检测 174 个，如表 6 和图 5 所示。

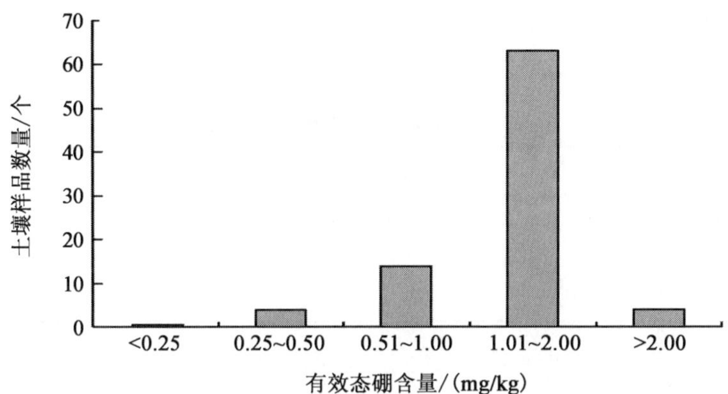


**图 4　南邵镇土壤有效态硼各级别数量**

**表 6　昌平区百善镇土壤有效态硼分级**

| 项目 | 很低 | 低 | 中 | 高 | 很高 |
| --- | --- | --- | --- | --- | --- |
| 含量/(mg/kg) | ＜0.25 | 0.25～0.50 | 0.51～1.00 | 1.01～2.00 | ＞2.00 |
| 土壤样品数量/个 | 2 | 24 | 34 | 107 | 7 |
| 所占比例/% | 1.15 | 13.8 | 19.5 | 61.5 | 4.02 |

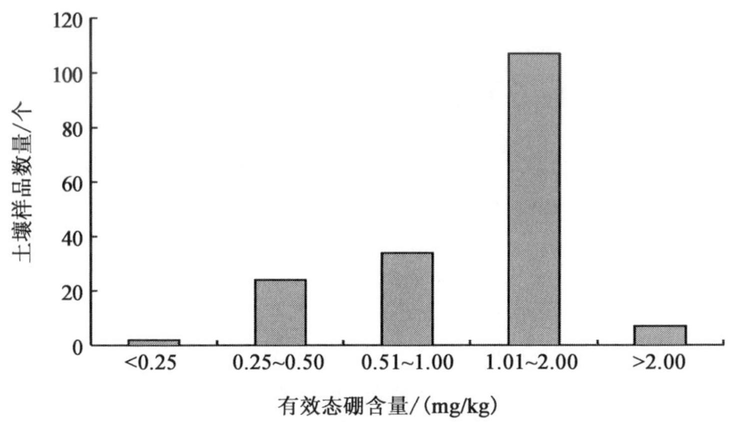


**图 5　百善镇土壤有效态硼各级别数量**

昌平区百善镇土壤有效态硼分级后显示，严重缺硼土壤占 1.15%，缺硼土壤占 13.8%，含硼量中等土壤占 19.5%，含硼量高土壤占 61.5%，含硼量很高的土壤占 4.02%。

## 2.5 小汤山

小汤山镇有效态硼土壤样品检测 294 个，如表 7 和图 6 所示。

表 7　昌平区小汤山镇土壤有效态硼分级

| 项目 | 很低 | 低 | 中 | 高 | 很高 |
|---|---|---|---|---|---|
| 含量/(mg/kg) | ＜0.25 | 0.25～0.50 | 0.51～1.00 | 1.01～2.00 | ＞2.00 |
| 土壤样品数量/个 | 35 | 78 | 71 | 98 | 12 |
| 所占比例/% | 11.9 | 13.8 | 24.1 | 33.3 | 4.08 |

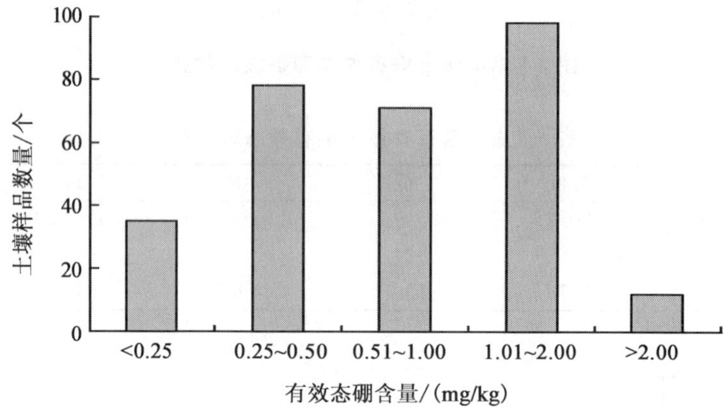


图 6　小汤山镇土壤有效态硼各级别数量

昌平区小汤山镇土壤有效态硼分级后显示，严重缺硼土壤占 11.9%，缺硼土壤占 13.8%，含硼量中等土壤占 24.1%，含硼量高土壤占 33.3%，含硼量很高的土壤是 4.08%。

## 2.6 沙河镇

沙河镇有效态硼土壤样品检测 162 个，如表 8 和图 7 所示。

表 8　昌平区沙河镇土壤有效态硼分级

| 项目 | 很低 | 低 | 中 | 高 | 很高 |
|---|---|---|---|---|---|
| 含量/(mg/kg) | ＜0.25 | 0.25～0.50 | 0.51～1.00 | 1.01～2.00 | ＞2.00 |
| 土壤样品数量/个 | 1 | 4 | 39 | 112 | 6 |
| 所占比例/% | 0.62 | 2.47 | 24.1 | 69.1 | 3.70 |

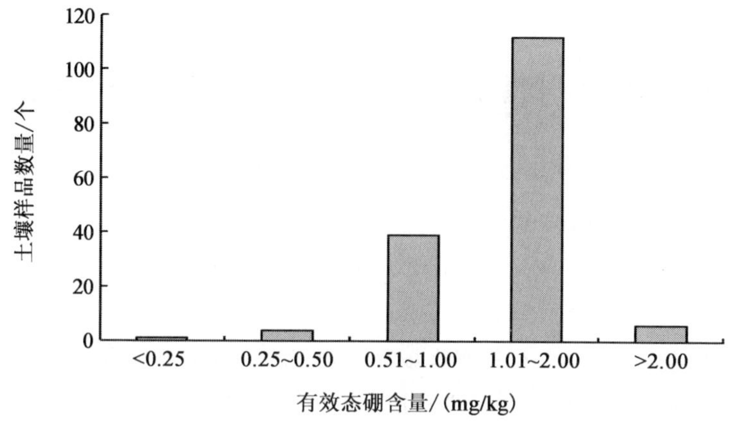


**图 7　沙河镇土壤有效态硼各级别数量**

昌平区沙河镇土壤有效态硼分级后显示，严重缺硼土壤占 0.62%，缺硼土壤占 2.47%，含硼量中等土壤占 24.1%，含硼量高土壤占 69.1%，含硼量很高的土壤是 3.70%。

# 3　结果与分析

①昌平区土壤含硼量在高以上的占 50.34%，含量低的占 20.46%。

②兴寿、南邵、百善、沙河土壤含硼量较高，含硼量在高和很高值的在 65%以上。

③小汤山土壤含硼量较低，25.7%的含硼量在低和极低值。

④崔村土壤的含硼量属于中等水平的较多。

昌平东部 6 镇大面积重点种植草莓，草莓在生长过程中对硼有需求，硼是草莓生长中必需的营养元素。因而，崔村和小汤山在草莓种植过程中需要酌情补充硼肥。兴寿、南邵、百善和沙河的草莓棚，应该在土壤化验之后看具体情况，决定是否补充硼肥。硼含量高的土壤，种植中不需要补充硼肥，硼肥过量会造成植株的萎蔫、死亡。

## 参考文献

全国农业技术推广服务中心. 土壤肥料检测指南. 北京：中国农业出版社，2007.

# 昌平区土壤养分状况及演变分析

张雪姣　张卫东　沈　兰　秦　岭

（北京市昌平区土肥站，北京，102200）

**摘　要**：通过汇总2005—2014年间土壤养分测试结果，分析当前时期土壤有机质、速效磷、有效钾养分含量及分布情况，并对养分演变情况加以分析。结果表明：目前土壤养分含量处于极高水平，养分含量分布情况具有明显的地域性；近10年间土壤有机质含量显著增长，已经从中级水平演变为高、极高水平；有效磷含量增长极显著；速效钾含量年度变化较大，总体表现为显著增长，草莓种植地块速效钾含量较高。

**关键词**：土壤，养分，演变

土壤养分状况是衡量土壤生产能力的基础指标，是促进昌平区农业高产稳产的前提。自1980年第二次土壤普查以来，昌平区扎实推进农业产业结构调整和优化升级，形成了覆盖全区、特色鲜明、“一花三果”为主导的都市型现代农业布局。随着土地利用形式和管理方式的调整，势必会导致土壤养分状况的改变。因此，及时了解昌平区土壤养分状况，归纳总结养分演变规律，是掌握土壤肥力动态的有效途径，为指导科学施肥，保护生态环境提供理论保障。

近年来，北京市昌平区农业技术推广中心、土肥站对辖区内温室大棚、大田及果园土壤养分情况进行了连续监测，土壤养分测试结果及变化显示，当前昌平土壤中，很大部分存在不同程度的肥力过剩问题，且有“种植年限越多，肥力过剩越严重”的特点[1]。肥料过量使用不仅带来资源浪费、肥料利用率低下、农产品品质下降等问题，而且长此以往极易导致土壤盐分积累、养分失衡、生产性能降低，极大地制约着昌平农业的可持续发展。因此，在昌平种植户间形成“少施优施，科学高效”的施肥理念至关重要。因此更全面地了解昌平区耕地土壤养分状况成为昌平区正在推进的精品化、现代化农业生产提供土壤养分的精确管理的前提，本研究结合2005年以来昌平区开展的土地地力调查，综合区内农地分布较为集中的小汤山镇、百善镇、崔村镇、兴寿镇、马池口镇、十三陵镇、阳坊镇、流村镇、南口镇、南邵镇10个镇的分析数据，探讨了昌平区耕地土壤有机质、有效磷和速效钾等肥力指标的变化特征。

# 1 材料与方法

## 1.1 采样时间及区域概况

样品采集时间从2005—2014年，样品数量共计5 409个，其中2014年度土壤样品460个。采样点包括昌平区所辖小汤山镇、百善镇、崔村镇、兴寿镇、马池口镇、十三陵镇、阳坊镇、流村镇、南口镇、南邵镇10个镇，土壤类型以褐土和潮土为主，其中褐土占全区耕地土壤面积的70.13%，主要分布于北部地区；其次为潮土，占耕地土壤面积的25.82%，集中分布于南部地区[2]。按土地利用类型分类情况如图1所示，主要包含大田、菜地和果园，其中，草莓种植土壤占菜地的44%。

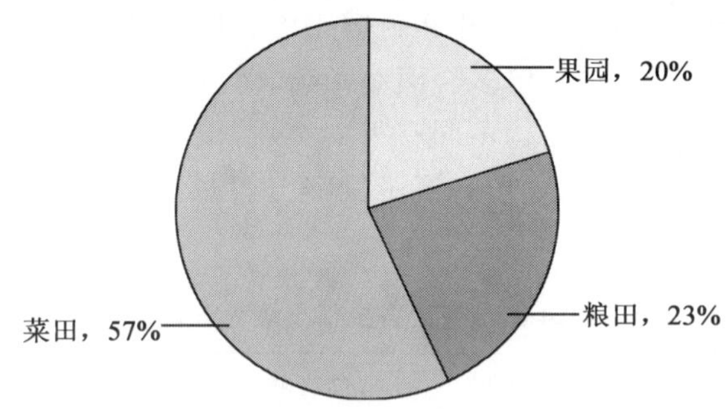


图1 2014年昌平区土地利用类型情况

## 1.2 养分测试方法

土壤分析方法按国家农业行业标准规范进行。其中，有机质采用浓硫酸—重铬酸钾氧化法，有效磷采用碳酸氢钠浸提—钼锑抗比色法测定，速效钾采用醋酸铵提取—火焰光度计法测定。

## 1.3 统计分析方法

所有数据均采用Excel 2007和SPSS 17.0进行统计分析和差异性比较。

# 2 结果与讨论

## 2.1 土壤养分现状

通过对2014年昌平区460个土壤养分测试结果统计表明，昌平区土壤有机质平均含量为25.95 g/kg，对比《北京市土壤养分指标评分规则》发现，目前昌平区土壤有机质含量正处于养分极高水平。同时，土壤碱解氮、有效磷和速效钾养分含量平均值分别为 148.41 mg/kg、158.82 mg/kg 和 308.62 mg/kg，均达到了养分极高水平，并远远高于北京市土壤养分指标极高水平值(表 1)。

表 1　北京市土壤养分指标评分规则

| 养分指标 | 极高 | 高 | 中 | 低 | 极低 |
|---|---|---|---|---|---|
| 有机质/(g/kg) | ≥25 | 20～25 | 15～20 | 10～15 | <10 |
| 有效磷/(mg/kg) | ≥90 | 60～90 | 30～60 | 15～30 | <15 |
| 速效钾/(mg/kg) | ≥155 | 125～155 | 100～125 | 70～100 | <70 |

从表 2 可以看出，2014 年各乡镇之间土壤养分含量存在差异。崔村镇和兴寿镇各种养分含量较其他乡镇略高。其中崔村镇土壤有机质平均含量为 40.52 g/kg，比含量相对最低的百善镇高出 1 倍多。而小汤山、南口地区有效磷含量相对较低，处于中等水平。这可能与产业结构不同有很大关系，崔村、兴寿地区主要种植草莓等蔬菜作物，需肥、施肥量大，大大提高了土壤养分含量。各乡镇速效钾含量均达到养分极高水平。

表 2　2014 年昌平区各乡镇土壤养分含量情况

| 乡镇 | 有机质/(g/kg) | 有效磷/(mg/kg) | 速效钾/(mg/kg) |
|---|---|---|---|
| 百善 | 16.3 | 119.8 | 252 |
| 崔村 | 40.52 | 277.2 | 659 |
| 流村 | 22.2 | 82.9 | 251 |
| 马池口 | 34.96 | 214.4 | 346 |
| 南口 | 24.3 | 77.3 | 191 |
| 南邵 | 19.44 | 122.8 | 208 |
| 十三陵 | 22.0 | 194.8 | 373 |
| 小汤山 | 17.91 | 58.7 | 185 |
| 兴寿 | 32.05 | 270.6 | 519 |
| 阳坊 | 26.8 | 91.6 | 250.7 |

## 2.2　土壤养分变化

### 2.2.1　有机质含量变化情况

10 年间，昌平区土壤中有机质的含量变化为 14.72～26.00 g/kg，其平均值为

21.38 g/kg,变异系数为20.51%。有机质含量总体呈现出缓慢上升的趋势,目前有机质含量相比10年前增长了36.1%,经显著性分析表明,较2005年明显提高,差异显著。自2011年以后,昌平区土壤有机质含量维持在高级水平以上(图2)。

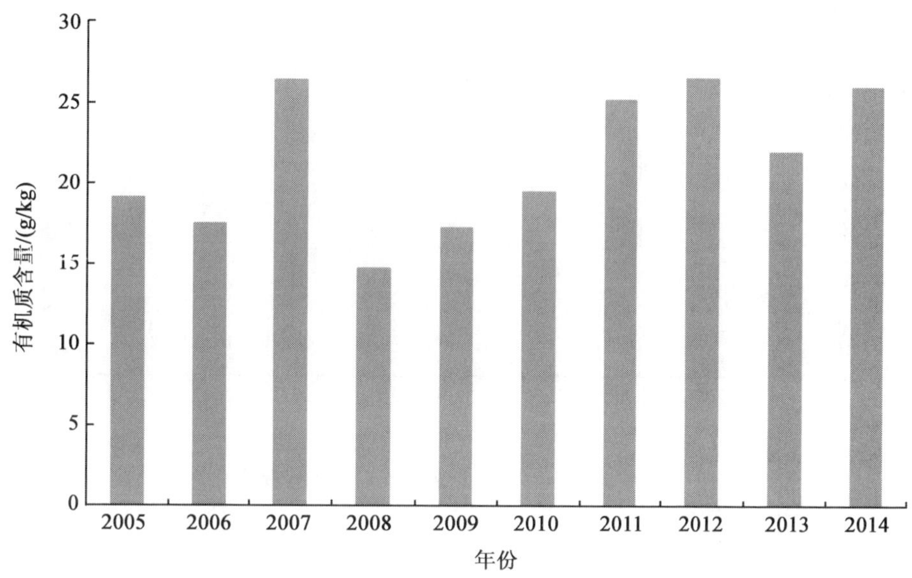


**图2 2005—2014年昌平区土壤有机质含量变化**

### 2.2.2 土壤有效磷变化情况

昌平区土壤肥沃,近10年来有效磷含量呈逐步增长趋势,总体处于中高级水平,养分含量变化范围为46.27~189.41 mg/kg,平均值110.53 mg/kg。自2011年以来保持在极高水平以上。目前有效磷含量为157.33 mk/kg,相对于2005年增长超过1倍,差异极显著。2011年速效钾含量最高,该年份养分测试结果超过1 000 mg/kg的地块共计19个,主要分布于兴寿镇和崔村镇草莓种植大棚(图3)。

### 2.2.3 土壤速效钾变化情况

近10年来昌平区土壤速效钾含量变化差异较大,变异系数为45.69%,平均值为290.82 mg/kg,处于养分极高水平。2014年速效钾含量与2005年相差112.99 mg/kg,显著提高了57.4%。2011年速效钾含量最高,该年份养分测试结果超过300 mg/kg的地块共计96个,占该年份地块数量的16.4%,其中79.2%的地块分布在兴寿镇草莓大棚(图4)。

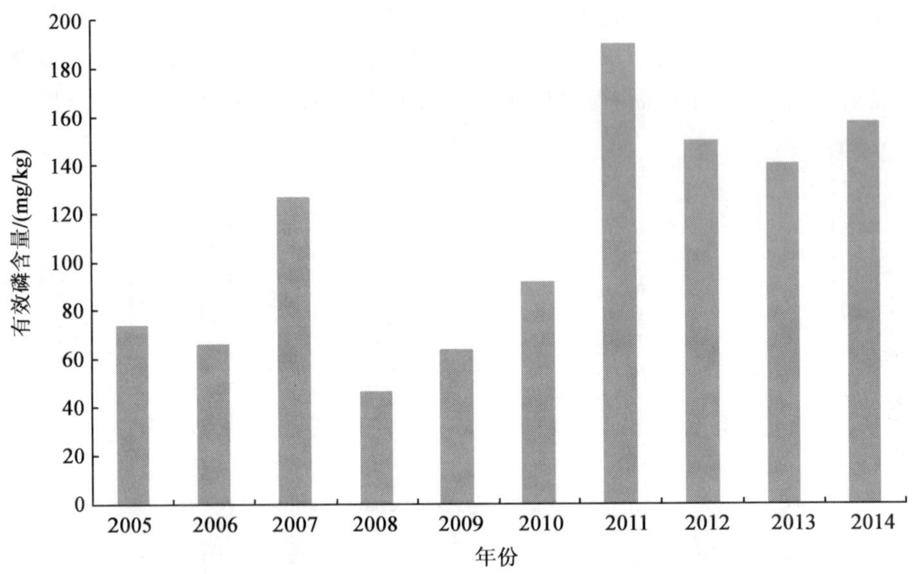


图 3　2005—2014 年昌平区土壤有效磷含量变化

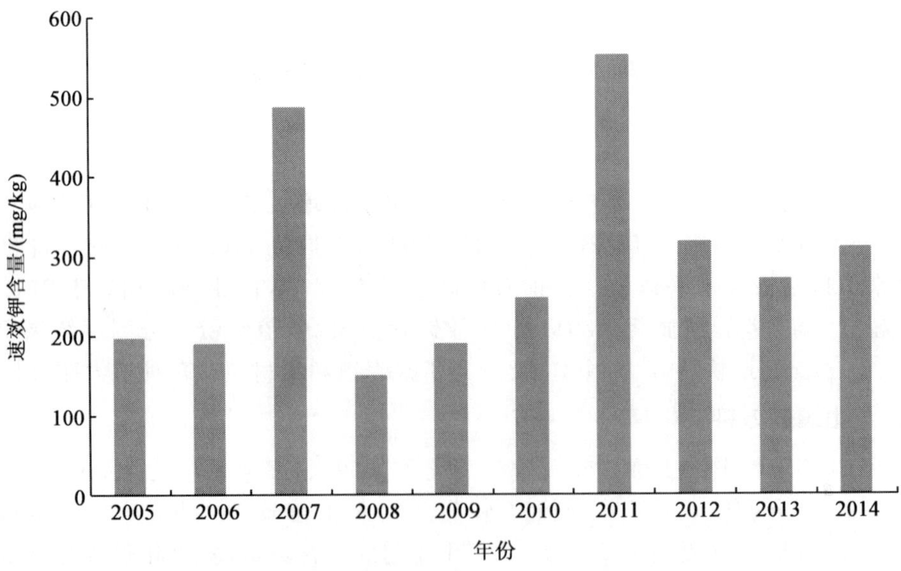


图 4　2005—2014 年昌平区土壤速效钾含量变化

# 3 结论

目前,昌平区土壤养分含量处于极高水平,土壤蓄积养分充足,养分含量分布情况具有明显的地域性,兴寿、崔村镇土壤养分含量较高。施肥应结合不同乡镇的地力情况因地制宜,针对百善、小汤山、南口地区中等水平养分可适当进行相应的培肥措施。

自 2005 年至今,昌平区土壤有机质含量显著增长已经从中级水平演变为高、极高水平;有效磷含量相较 10 年前增长极显著;速效钾含量年度变化较大,总体表现为显著增长,草莓种植地块速效钾含量较高。近年来培肥地力工作取得了可观成效,今后可适当进行有机肥减量措施,适当控制磷肥、钾肥的施用。

## 参考文献

[1] 沈兰,尤淑萍等.应用地力分级与施肥窗评价法指导保护地草莓平衡施肥.蔬菜,2015(6):30-33.

[2] 王崇旺.昌平区土壤管理与作物施肥图册.北京:中国农业大学出版社,2012.

# 昌平区无公害基地养分现状分析

尤淑平　秦　岭　徐明泽　王金凤

（昌平区农业技术推广站中心，北京 102200）

**摘　要：**2009—2012 年昌平区有许多家农产品生产单位申报了无公害农产品生产基地。通过对其中的 17 家基地的土壤检测，初步掌握了昌平区无公害基地的土壤质量现状，为保障农产品安全，科学指导农业生产提供可靠数据。

**关键词：**昌平区，无公害

随着人们生活水平的逐步提高，农产品质量安全越来越受到人们的重视。无公害农产品是指使用安全的农业投入品，按照规定的技术规范生产，产地环境和产品质量符合国家强制性标准，并使用特殊标志的农产品。它可以满足大众消费的需求。近几年来，有些生产者为了达到高产增收的目的，使用了大量的化肥农药。长期不合理施肥施药，使农产品产地环境越来越差，土壤受到严重污染，导致土壤肥力下降，农产品质量难以得到保证[1]。申报无害农产品，可以有效地限制化学投入品的使用，不再以高产为主要目的，而是把农产品质量放在第一位，同样可以达到增收的效果。2009—2012 年检测了昌平区 17 家无公害基地土壤，包括有机质、全氮、有效磷和速效钾。

## 1　无公害基地基本情况

### 1.1　基地分布情况

17 家无公害基地分布在昌平区小汤山镇、马池口镇、南邵镇、兴寿镇、长陵镇、流村镇、十三陵镇，其中十三陵镇、流村镇、长陵镇属于半山区，在这 3 个镇的基地种植作物以果品为主，包括苹果、枣、杏。其余几个乡镇是平原区，基地种植作物以草莓和蔬菜为主。17 家基地总面积达到 421.3 $hm^2$。

### 1.2　土壤类型分布情况

流村镇、十三陵镇、长陵镇、兴寿镇、南邵镇土壤类型为褐土，包括 12 家基地，占总数的 70.6%，小汤山镇、马池口镇土壤类型为潮土，包括 5 家基地，占总数的

29.4%。

### 1.3 土壤质地分布情况

17家基地土壤质地以轻壤和沙壤为主，其中所属流村镇、兴寿镇、南邵镇、小汤山镇的基地以轻壤质为主，所属百善镇、长陵镇、马池口镇的基地以沙壤质为主[2]。

## 2 土壤养分状况评价指标

以北京市土壤养分指标评分规则为例。

2009—2012年共测试了17家无公害基地的土壤，测试项目包括有机质、全氮、有效磷和速效钾。所取土壤样品为耕层土壤。草莓、蔬菜取0～20 cm土壤，果园取0～40 cm土壤。检测结果见表1。根据北京市土壤养分等级评价选择为4个指标，各指标评分标准如下[3]：

北京市土壤养分分等定级评价选择土壤有机质、全氮(N)或碱解氮(N)、有效磷(P)和速效钾(K)共4个指标，各指标的评分规则如表2所示。

表1 17家无公害基地检测结果

| 基地名称 | 有机质/(g/kg) | 全氮/(g/kg) | 有效磷/(mg/kg) | 速效钾/(mg/kg) |
|---|---|---|---|---|
| 北京御汤山农业生态园有限公司 | 40.91(极高) | 2.22(极高) | 254(极高) | 532(极高) |
| 北京万德园农业科技发展有限公司 | 31.6(极高) | 1.71(极高) | 83(高) | 198(极高) |
| 北京三资绿源草莓种植基地 | 47.79(极高) | 2.58(极高) | 276(极高) | 478(极高) |
| 北京桃林高利果园合作社 | 14.63(中等) | 0.83(中等) | 157(极高) | 218(极高) |
| 北京京郊兴寿草莓基地 | 26.33(极高) | 1.47(极高) | 255(极高) | 498(极高) |
| 北京桃林君聚成草莓专业合作社 | 9.56(低) | 0.55(极低) | 130.5(极高) | 158(极高) |
| 北京君知雨农业生态园 | 34.91(极高) | 1.95(极高) | 337.5(极高) | 449(极高) |
| 北京兴寿佳友益鑫草莓专业合作社 | 15.68(中等) | 0.88(中等) | 55.5(中等) | 92(低) |
| 北京园霖昌顺农业种植合作社 | 15.09(中) | 0.79(低) | 20.6(低) | 96(低) |
| 北京金六环农业种植园 | 31.79(极高) | 1.79(极高) | 188.5(极高) | 174(极高) |
| 北京卓越果品专业合作社 | 19.44(中等) | 1.18(高) | 33.4(中等) | 136(高) |
| 北京寿山尖枣专业合作社 | 20.15(高) | 1.15(高) | 7.5(极低) | 138(高) |
| 北京德胜果品专业合作社 | 4.98(极低) | 0.36(极低) | 12.1(低) | 100(中) |
| 北京燕岫山黄杏专业合作社 | 16.12(中等) | 0.97(中等) | 20.3(低) | 178(极高) |
| 昌平区流村镇高口村张淑芝 | 21.33(极高) | 1.21(极高) | 273.5(极高) | 630(极高) |
| 北京新城绿都农业种植园 | 11.38(低) | 0.69(低) | 21.8(低) | 86(低) |
| 北京绿友田园植物品种试验站 | 27.24(极高) | 1.52(极高) | 190(极高) | 587(极高) |

表 2　土壤养分综合评价指标评分规则

| 项目评分(*F*) | 评分标准 | | | | |
|---|---|---|---|---|---|
| 有机质/(g/kg) | ≥25 | 20～25 | 15～20 | 10～15 | ＜10 |
| 分值 | 100 | 80 | 60 | 40 | 20 |
| 全氮(N)/(g/kg) | ≥1.20 | 1.00～1.20 | 0.80～1.00 | 0.65～0.80 | ＜0.65 |
| 分值 | 100 | 80 | 60 | 40 | 20 |
| 碱解氮 (N)/(mg/kg) | ≥120 | 90～100 | 60～90 | 45～60 | ＜45 |
| 分值 | 100 | 80 | 60 | 40 | 20 |
| 有效磷(P)/(mg/kg) | ≥90 | 60～90 | 30～60 | 15～30 | ＜15 |
| 分值 | 100 | 80 | 60 | 40 | 20 |
| 速效钾(K)/(mg/kg) | ≥155 | 125～155 | 100～125 | 70～100 | ＜70 |
| 分值 | 100 | 80 | 60 | 40 | 20 |

注:各指标数值分级区间的分界点包含关系均为下(限)含上(限)不含,例如有机质“20～25”表示“大于或等于 20,且小于 25 的区间值”,其他类同。

# 3　监测结果分析

①从表 1 可以看出,在这 17 家基地中,北京御汤山农业生态园有限公司、北京万德园农业科技发展有限公司、北京三资绿源草莓种植基地、北京京郊兴寿草莓基地、北京君知雨农业生态园、北京金六环农业种植园、昌平区流村镇高口村张淑芝、北京绿友田园植物品种试验站这 8 家基地的各项检测结果都达到了极高水平,面积为 115.9 $hm^2$,占总面积的 27.5%。

②北京新城绿都农业种植园、北京园霖昌顺农业种植合作社、北京兴寿佳友益鑫草莓专业合作社、北京德胜果品专业合作社,这 4 家基地的各项检测结果都在中等偏低,甚至是极低。面积为 45.3 $hm^2$,占总面积的 10.8%。

③北京桃林高利果园合作社有机质和全氮含量水平是中等,有效磷和速效钾是极高水平,面积为 5 $hm^2$,占总面积的 1.2%。

④北京桃林君聚成草莓专业合作社有机质和全氮含量水平是低到极低,有效磷和速效钾是极高水平。面积为 5 $hm^2$,占总面积的 1.2%。

⑤北京寿山尖枣专业合作社只有有效磷含量水平较低,其余几项都是高含量水平。面积为 100 $hm^2$,占总面积的 23.7%。

⑥北京燕岫山黄杏专业合作社速效钾含量水平是极高,有机质和全氮水平是中等,有效磷含量水平是低等。面积为 100 $hm^2$,占总面积的 23.7%。

⑦北京卓越果品专业合作社有机质和有效磷是中等水平。全氮和速效钾含量

是高水平。面积为 50 $hm^2$，占总面积的 11.9%。

## 4 结论

①对于各个检测指标都达到极高水平的 8 家基地，可以少施或不施底肥，可在作物需肥关键时期适当追肥。

②对于各个检测指标都是低到极低水平的 4 家基地，施肥时根据作物类型施足底肥，并在作物需肥关键时期追肥。

③其余几家基地施肥时根据测土结果，适当多施缺乏元素的某种肥料。各个基地根据自己的测土结果和种植作物的品种合理选择施肥种类，减少不合理施肥。以测土配方施肥技术为核心，因地制宜，科学施肥[4]。

### 参考文献

[1] 欧阳喜辉. 农产品质量安全认证理论与实践. 北京：中国农业出版社，2009.
[2] 北京市昌平区耕地地力调查与评价项目成果报告. 北京市昌平区土肥站.
[3] 全国农业技术推广中心. 土壤肥料指南.
[4] 赵永志. 蔬菜测土配方施肥技术理论与实践.

# 幼林下杂粮作物产量及经济效益比较试验

石春梅　孙雪娇　徐明泽　李颂君

（北京市昌平区农业技术推广中心，北京，102200）

**摘　要：**本试验选用谷子、甘薯、花生、绿豆、大豆、芝麻6种杂粮作物，在2～3年小果树间进行套种试验，通过对植株产量及性状进行观测、调查和数据汇总，进一步分析得出：亩效益高低顺序为甘薯＞花生＞大豆＞谷子＞芝麻＞绿豆，范围为700.2～2 751.9元/亩（折合白地），均可达到增产增效的目的，适宜在本地区种植与推广，特别是应用于幼林和林下套种，能够有效合理的利用土地资源，提高农民收入。

**关键词：**杂粮，幼林下，套种，产量，效益

杂粮作物泛指生育期短、种植面积小、种植地域性强、种植方法特殊、品种多样、有特殊用途的多种粮豆，其富含各种营养素，既是传统食粮，又是现代保健品。

我国杂粮品种多、质量好、分布广，属世界上杂粮生产优势最强的国家，在全世界杂粮市场中占有重要地位。近年来，国际市场杂粮出现供不应求的局面，全世界杂粮的消费量和单价呈逐年上涨趋势。

在国内，随着人们饮食结构的改善和生活水平不断提高，人们开始注重营养的全面性，追求无污染的“自然”食物已成为人们追逐的时尚。人们对杂粮的保健作用的认识越来越深，不少人已经不满足于吃精米、精面，而是想吃更多的杂粮、杂豆，调剂生活，强身健体。

杂粮作为医、食同源的新型食品资源，已成为21世纪健康的消费时尚，越来越受到人们的青睐，市场需求旺盛。发展杂粮生产将有力促进特色农业经济的发展，使贫困地区农民增加收益，脱贫致富。

经过前期调研，在昌平区山区种植林果面积不断扩大的前提下，本试验选择适宜的杂粮作物在幼林和林下种植，合理利用土地空间，从而提高单位土地产出率，增加种植户的收入。

# 1 材料与方法

## 1.1 试验时间、地点

本试验于2013年在昌平区南口镇太平庄村进行，土壤质地为壤土。基础地力为有机质12.167 g/kg，全氮0.69 g/kg，碱解氮59 mg/kg，有效磷51.8 mg/kg，速效钾144 mg/kg。

## 1.2 供试品种

试验品种均以当地主栽品种或生产习惯用品种为主：谷子（张杂5号）、甘薯（遗字138）、花生（鲁花11）、绿豆（宁绿1号）、大豆（中黄13）、芝麻（黑芝麻）。

## 1.3 试验方法

试验采用林下套种种植方式，在2～3年薄皮核桃树间，各杂粮作物种植1～2亩（折合净地），不设重复，分析比较产量及经济效益。

# 2 结果与分析

## 2.1 产量及收入情况分析

据表1和图1分析得出：亩产量高低顺序为甘薯＞花生＞大豆＞谷子＞绿豆＞芝麻，最高为2 584.6 kg/亩，最低为92.3 kg/亩；亩收入高低顺序为甘薯＞花生＞谷子＞大豆＞芝麻＞绿豆，最高为3 876.9元/亩，最低为1 171.2元/亩。

**表1 各杂粮作物产量及收入情况分析表**

| 作物 | 品种 | 亩产量/kg | 市场价/(元/kg) | 亩收入/元 | 排名 |
|---|---|---|---|---|---|
| 谷子 | 张杂5号 | 210.6 | 8 | 1 684.8 | 3 |
| 甘薯 | 遗字138 | 2 584.6 | 1.5 | 3 876.9 | 1 |
| 花生 | 鲁花11 | 246.8 | 10 | 2 468 | 2 |
| 绿豆 | 宁绿1号 | 97.6 | 12 | 1 171.2 | 6 |
| 大豆 | 中黄13 | 236.8 | 7 | 1 657.6 | 4 |
| 芝麻 | 黑芝麻 | 92.3 | 16 | 1 476.8 | 5 |

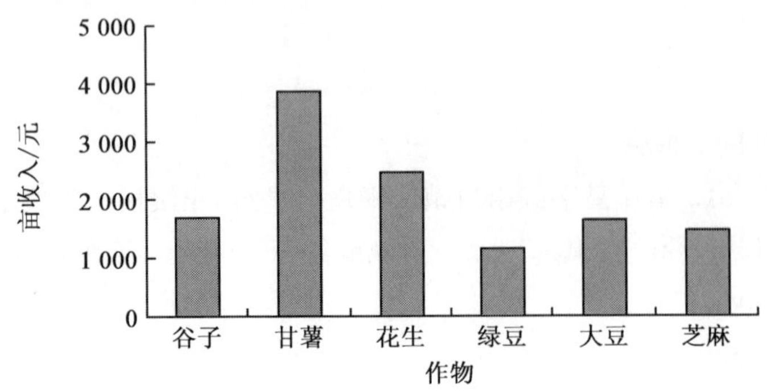


图 1　各杂粮作物亩收入情况比较

## 2.2　投入情况分析

据表 2 和图 2 分析得出:亩投入高低顺序为甘薯>花生>谷子>绿豆>大豆>芝麻,最高为 1 125 元/亩,最低为 430 元/亩。

表 2　各杂粮作物投入情况分析表

| 作物 | 品种 | 籽种/(元/亩) | 肥料/(元/亩) | 药剂/(元/亩) | 人工/(元/亩) | 亩投入/(元) | 排名 |
|---|---|---|---|---|---|---|---|
| 谷子 | 张杂 5 号 | 10 | 200 | — | 300 | 510 | 3 |
| 甘薯 | 遗字 138 | 525 | 200 | — | 400 | 1 125 | 1 |
| 花生 | 鲁花 11 | 320 | 200 | — | 400 | 920 | 2 |
| 绿豆 | 宁绿 1 号 | 21 | 200 | — | 250 | 471 | 4 |
| 大豆 | 中黄 13 | 50 | 200 | 20 | 200 | 470 | 5 |
| 芝麻 | 黑芝麻 | 30 | 200 | — | 200 | 430 | 6 |

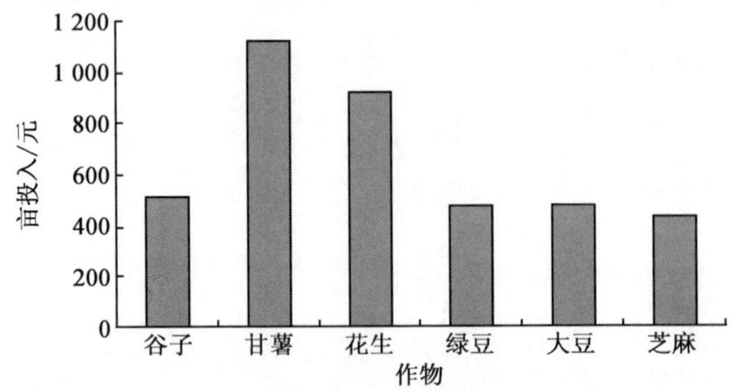


图 2　各杂粮作物亩投入情况比较

## 2.3 效益情况分析

据表 3 和图 3 分析得出:每亩纯效益高低顺序为甘薯>花生>大豆>谷子>芝麻>绿豆,最高为 2 751.9 元/亩,最低为 700.2 元/亩。

表 3 各杂粮作物效益情况分析表 元

| 作物 | 品种 | 亩收入 | 亩投入 | 亩效益 | 排名 |
| --- | --- | --- | --- | --- | --- |
| 谷子 | 张杂 5 号 | 1 684.8 | 510 | 1 174.8 | 4 |
| 甘薯 | 遗字 138 | 3 876.9 | 1 125 | 2 751.9 | 1 |
| 花生 | 鲁花 11 | 2 468 | 920 | 1 548 | 2 |
| 绿豆 | 宁绿 1 号 | 1 171.2 | 471 | 700.2 | 6 |
| 大豆 | 中黄 13 | 1 657.6 | 470 | 1 187.6 | 3 |
| 芝麻 | 黑芝麻 | 1 476.8 | 430 | 1046.8 | 5 |

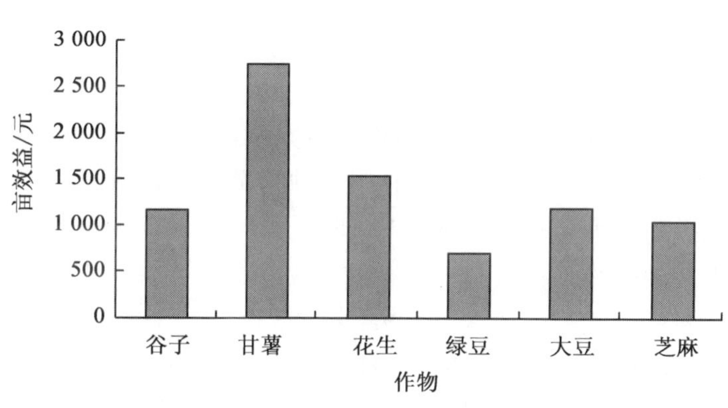


图 3 各杂粮作物经济效益情况比较

## 2.4 生育习性调查

根据表 4 作物特性分析得出:地力条件较差时,可选择种植谷子;想要种植高产杂粮作物,可选择种植甘薯;想有较高的收益,可选择种植花生、甘薯;为合理安排茬口或做灾后救灾作物种植,可选择生育期较短的绿豆;为省时省工,可选择种植大豆;想要前期投入少,可选择种植大豆、芝麻;为提高果园或田块整体景观效果,可选择种植花期较长的芝麻。

表 4 生育特性调查表

| 作物 | 品种 | 播种期（月-日） | 收获期（月-日） | 生育期/d | 作物特性 | |
|---|---|---|---|---|---|---|
| | | | | | 优点 | 缺点 |
| 谷子 | 张杂 5 号 | 5-31 | 9-20 | 112 | 抗旱能力强 | 间苗费工，成熟期鸟害严重 |
| 甘薯 | 遗字 138 | 5-8 | 10-25 | 170 | 产量高 | 收获时费工 |
| 花生 | 鲁花 11 | 5-20 | 9-30 | 132 | 效益好 | 种子去壳、收获时较费工 |
| 绿豆 | 宁绿 1 号 | 6-20 | 9-15 | 87 | 生育期短 | 分批成熟，成熟期长，收获费工 |
| 大豆 | 中黄 13 | 6-13 | 10-8 | 117 | 省时省工，投入少 | 生长后期虫害严重，需及时药剂防治 |
| 芝麻 | 黑芝麻 | 5-29 | 9-22 | 116 | 花期长，景观效果好，投入少 | 需人工间苗，成熟期不一致 |

## 3 结论

①在幼林下套作杂粮作物，增收效果为甘薯＞花生＞大豆＞谷子＞芝麻＞绿豆，增收范围为 700.2～2 751.9 元/亩（折合白地），均可达到增产增效的目的。

②在小果树间套种杂粮作物，可根据地力水平、品种差异、产量目标、种植效果等多种条件综合比较，选择适宜的杂粮作物种类和品种种植。

③本试验仅涉及 6 种杂粮作物的林下套种情况，而杂粮种类丰富、品种多样，今后试验中将考虑引进更多适宜林下种植的高产、优质杂粮新品种，使单位土地面积达到最高增产和增收潜力。

### 参考文献

[1] 牛西午，陶承光. 中国杂粮研究//孙桂华，任玉山，杨镇，等. 发展辽宁小杂粮产业促进特色农业经济增长. 北京：中国农业科学技术出版社，2005.

[2] 牛西午，陶承光. 中国杂粮研究//李国靖，台社红. 京郊杂粮生产现状与发展浅析. 北京：中国农业科学技术出版社，2005.

[3] 牛西午，陶承光. 中国杂粮研究//李栋，蔡克亮，吴德相，等. 山东省杂粮产业现状及发展探讨. 北京：中国农业科学技术出版社，2005.

# 奶牛布病服苗抗体跟踪实验及布病净化方法的比较

孙宝山

（北京市昌平区动物疫病预防控制中心，北京，102200）

猪种布鲁氏菌 S2 弱毒活疫苗，是由中国兽药监察所 1953 年由进口猪种的流产胎儿中分离出来的，在人工培养基上移植 7 年后变成弱毒株的。作为弱毒活菌苗具有使用范围广和使用方便的特点。可供猪、牛、牦牛、山羊和绵羊等多种动物免疫使用，可以用皮下注射、肌肉注射、口服免疫多种方法接种。最适宜口服接种，使用方便。

为了具体了解奶牛布病 S2 苗免疫后抗体存在时间及对牛只的保护作用，由北京市动物疫病预防控制中心牵头，昌平区动物疫病预防控制中心配合进行了此项试验。试验方案由北京市动物疫病预防控制中心提供。选择了南口满仓种养殖专业合作社作为阳性服苗场，沙河诚远胜隆牛场作为阴性对照场开展此项试验。

南口满仓种养殖专业合作社在服布病苗前又进行了一次全群奶牛布病检测，未检出布病阳性牛。于 2013 年 12 月 23 日进行了布病疫苗免疫，共计免疫 3 月龄以上牛 92 头。使用疫苗从北京市动物疫病预防控制中心领取，生产厂家为中牧实业，批号为 1305007。

沙河诚远胜隆牛场在 2013 年秋季奶牛检疫无布病阳性牛的基础上，2013 年 11 月 21 日又采取了 50 头牛血样进行对照检测，布病检测全部为阴性。

南口满仓种养殖专业合作社先后于 2014 年 2 月 25 日、4 月 30 日、7 月 7 日、10 月 30 日进行了免疫后 4 次采血监测，同时诚远盛隆牛场作为对照组也进行了采血检测，具体采血时间、数量、检测结果见表 1。

网上搜索相关信息：奶牛群口服接种 S2 株活疫苗后 15 d，即可检出疫苗诱导的布氏杆菌抗体，30 d 抗体水平达到高峰（36%），45～90 d 抗体阳性率呈现缓慢下降的趋势。免疫接种能有效控制布病感染牛群流产、死胎率、减少由此导致的经济损失。

实际检测情况与网上相关信息基本相符，但检出阳性比例低，个别牛抗体存在时间较长，达到 5～7 个月。

表 1　奶牛 S2 布病疫苗免疫后采血及检测情况

| 采血次数 | 场名 | 采血日期 | 采血数量 | 免后时间 | 检测阳性数 | 阳性牛号 | 备注 |
|---|---|---|---|---|---|---|---|
| 服苗前 | 南口满仓种养殖专业合作社 | 2013-12-17 | 92 | | 0 | | |
| | 沙河诚远盛隆奶牛养殖有限公司 | 2013-9-23 | 143 | | 0 | | |
| 第 1 次 | 南口满仓种养殖专业合作社 | 2014-2-25 | 50 | 2 个月 | 3 | 1222、1226、B15 | 只采了刘利均的牛 |
| | 沙河诚远盛隆奶牛养殖有限公司 | 2014-2-21 | 50 | | 0 | | |
| 第 2 次 | 南口满仓种养殖专业合作社 | 2014-4-30 | 50 | 4 个月 | 3 头阳性<br>2 头可疑 | 阳性：1222、1226、B15<br>可疑：303、07 | 只采了刘利均的牛 |
| | 沙河诚远盛隆奶牛养殖有限公司 | 2014-4-25 | 50 | | 0 | | |
| 第 3 次 | 南口满仓种养殖专业合作社 | 2014-7-7 | 102 | 7 个月 | 3 头阳性<br>3 头可疑 | 阳性：刘云河 H01，刘满忠 101、刘利均 B15<br>可疑：刘满忠 A05，刘利均 154、350 | 三家的牛血，刘利均 1222、1226 为阴性 |
| | 沙河诚远盛隆奶牛养殖有限公司 | 2014-6-28 | 50 | | 0 | | |
| 第 4 次 | 南口满仓种养殖专业合作社 | 2014-9-17 | 177 | 9 个月 | 12 头阳性 | 刘利均 0348、3913、B15，刘满忠 038、114、262、264、267、268、269，刘云河 265、266 | 上次采血无 0348、3913 牛号；038 为阴性；<br>本次采血阴性牛中有 1222、1226 |
| | 沙河诚远盛隆奶牛养殖有限公司 | 2014-9-22 | 177 | | 0 | | |

为了检测服苗方法是否正确，也为了检测其他牛场服布病 S2 苗后抗体水平持续时间长短，于 2014 年 10 月 30 日，对三元绿荷南口二牛场（布病阳性场）在 2014 年 7 月 9 日服布病 S2 苗的牛中选择 51 头奶牛采血进行布病检测，结果全部为阴性。

随后我们针对实验过程中存在的疑问，对中牧股份有限公司布病 S2 苗销售部进行了电话询问，得到的结果是：猪种布鲁氏菌 S2 弱毒活疫苗用于奶牛布病免疫后，疫苗免疫后 15 d 左右，抗体逐渐产生，能够持续存在 45 d 左右，到免后 60～90 d 时抗体逐渐消退，但仍具有一定的保护力。

通过实验得出以下结论：使用布病 S2 疫苗对奶牛进行免疫，从抗体生产到大部分消失只能持续 30～45 d，个别牛只能够达到 150～180 d。

目前奶牛布病净化的主要方法有以下 2 种。

（1）检杀结合。持续检、杀，直至连续 3 次无布病阳性牛检出为止。

（2）采用一免一检的方法，每年使用布病 S2 疫苗免疫 1 次，免后 6 个月检测，将检出布病阳性牛扑杀。3 年为 1 个周期。直至连续 2 次无布病牛检出方可停止。

以往采用净化方法的具体数据比较见表 2。

**表 2　以往采用净化方法的具体数据比较**

| 牛场代号 | 存栏/头 | 采血时间（年-月-日） | 采血数量/mL | 阳性数/头 | 服苗时间（年-月-日） | 服苗数量/头 | 备注 |
|---|---|---|---|---|---|---|---|
| 一场 | 224 | 2011-3-14 | 141 | 5 | | | 两次采血中间因市站检测 6 月份才告知检测结果 |
| | 216 | 2011-7-5 | 205 | 5 | | | |
| | 212 | 2011-8-5 | 205 | 0 | | | |
| | 216 | 2011-11-14 | 206 | 0 | | | |
| | 209 | 2011-12-29 | 203 | 0 | | | |
| | 215 | 2012-2-16 | 206 | 0 | | | |
| | 219 | 2012-4-17 | 211 | 0 | | | |
| 二场 | 210 | 2011-3-25 | 185 | 22 | 2011-8-24 | 178 | |
| | 198 | 2012-3-17 | 177 | 4 | 2012-8-24 | 183 | |
| | 200 | 2013-3-19 | 168 | 2 | 2013-8-29 | 184 | |
| | 198 | 2014-3-25 | 160 | 0 | 2014-9-11 | 185 | |
| 三场 | 239 | 2012-10-22 | 225 | 22 | 2012-12-5 | 133 | |
| | 158 | 2013-9-16 | 92 | 33 | 2013-12-23 | 92 | |
| | 192 | 2014-9-17 | 177 | 12 | | | |

检杀结合与一免一检方法比较,优势:①整个净化过程所用时间短。②占用人员相对较少。③整体布病阳性数没有增加,比一免一检的方法要少,因为留给疾病传播的时间短。④短期内能够净化干净布病,有利于牛场长期发展,长期规划。⑤经济有效。劣势:短期内检出阳性牛较多,使人难以接受。扑杀占用资金较大。

需注意的是,无论采用哪种净化方法,都应注意在净化工作的同时落实各项综合防控措施,有效防止疫病的再次传入与发生,才能够行之有效地达到布病净化的目的。

通过以上 2 种奶牛布病净化方法的比较得出结论,采用连续检疫、扑杀相结合的奶牛布病净化方法更有利于奶牛场的布病净化工作。

# 鸡球虫病

杨新刚

（北京市昌平区动物疫病预防控制中心，北京，102200）

鸡球虫病是鸡常见且危害十分严重的寄生虫病，是由一种或多种球虫引起的急性流行性疾病。它造成的经济损失巨大。10～30 日龄的雏鸡或 35～60 日龄的青年鸡的发病率和致死率可高达 80%。病愈的雏鸡生长受阻，增重缓慢；成年鸡一般不发病，但可为带虫者，增重和产蛋能力降低，是传播球虫病的重要病源。

## 1 概述

病原为原虫中的艾美耳科艾美耳属的球虫。世界各国已经记载的鸡球虫种类共有 13 种，我国已发现 9 个种。不同种的球虫，在鸡肠道内寄生部位不一样，其致病力也不相同。柔嫩艾美耳球虫（*Eimeria tenella*）寄生于盲肠，致病力最强；毒害艾美耳球虫（*E. necatrix*）寄生于小肠中 1/3 段，致病力强；巨型艾美耳球虫（*E. maxima*）寄生于小肠，以中段为主，有一定的致病作用；堆型艾美耳球虫（*E. acervulina*）寄生于十二指肠及小肠前段，有一定的致病作用，严重感染时引起肠壁增厚和肠道出血等病变；和缓艾美耳球虫（*E. mitis*）、哈氏艾美耳球虫（*E. hagani*）寄生在小肠前段，致病力较低，可能引起肠黏膜的卡他性炎症；早熟艾美耳球虫（*E. praecox*）寄生在小肠前 1/3 段，致病力低，一般无肉眼可见的病变。布氏艾美耳球虫（*E. brunetti*）寄生于小肠后段，盲肠根部，有一定的致病力，能引起肠道点状出血和卡他性炎症；变位艾美耳球虫（*E. mivati*）寄生于小肠、直肠和盲肠。有一定的致病力，轻度感染时肠道的浆膜和黏膜上出现单个的、包含卵囊的斑块，严重感染时可出现散在的或集中的斑点。

## 2 鸡球虫的发育

鸡球虫的发育要经过 3 个阶段：无性阶段，在其寄生部位的上皮细胞内以裂殖生殖进行；有性生殖阶段，以配子生殖形成雌性细胞、雄性细胞，两性细胞融合为合子，这一阶段是在宿主的上皮细胞内进行的；孢子生殖阶段，是指合子变为卵囊后，在卵囊内发育形成孢子囊和子孢子，含有成熟子孢子的卵囊称为感染性卵囊。裂殖生殖和配子生殖在宿主体内进行，称内生性发育。孢子生殖在外界环境中完成，称外生性发育。鸡感染球虫，是由于吞食了散布在土壤、地面、饲料和饮水等外界环境中的感染性卵囊而发生的。

## 3 鸡球虫的感染过程

粪便排出的卵囊，在适宜的温度和湿度条件下，经 1～2 d 发育成感染性卵囊。这种卵囊被鸡吃了以后，子孢子游离出来，钻入肠上皮细胞内发育成裂殖子、配子、合子。合子周围形成一层被膜，被排出体外。鸡球虫在肠上皮细胞内不断进行有性和无性繁殖，使上皮细胞受到严重破坏，遂引起发病。

## 4 流行病学

各品种的鸡均有易感性，15～50 日龄的鸡发病率和致死率都较高，成年鸡对球虫有一定的抵抗力。病鸡是主要传染源，凡被带虫鸡污染过的饲料、饮水、土壤和用具等，都有卵囊存在。鸡感染球虫的途径主要是吃了感染性卵囊。人及其衣服、用具等以及某些昆虫都可成为机械传播者。饲养管理条件不良，鸡舍潮湿、拥挤，卫生条件恶劣时，最易发病。在潮湿多雨、气温较高的梅雨季节易暴发球虫病。球虫孢子化卵囊对外界环境及常用消毒剂有极强的抵抗力，一般的消毒剂不易破坏，在土壤中可保持生活力达 4～9 个月，在有树荫的地方可达 15～18 个月。但鸡球虫未孢子化卵囊对高温及干燥环境抵抗力较弱，36℃即可影响其孢子化率，40℃环境中停止发育，在 65℃高温作用下，几秒钟卵囊即全部死亡；湿度对球虫卵囊的孢子化也影响极大，干燥室温环境下放置 1 d，即可使球虫丧失孢子化的能力，从而失去传染能力。

## 5 临床症状

病鸡精神沉郁，羽毛蓬松，头卷缩，食欲减退，嗉囊内充满液体，鸡冠和可视黏膜贫血、苍白，逐渐消瘦，病鸡常排红色胡萝卜样粪便，若感染柔嫩艾美耳球虫，开始时粪便为咖啡色，以后变为完全的血粪，如不及时采取措施，致死率可达 50%以上。若多种球虫混合感染，粪便中带血液，并含有大量脱落的肠黏膜。

### 5.1 急性球虫病

精神、食欲不振，饮欲增加；被毛粗乱；腹泻，粪便常带血；贫血，可视黏膜、鸡冠、肉垂苍白；脱水，皮肤皱缩；生产性能下降；严重的可引起死亡，死亡率可达

80%，一般为 20%～30%。恢复者生长缓慢。

### 5.2 慢性球虫病

见于少量球虫感染，以及致病力不强的球虫感染（如堆型、巨型艾美耳球虫）。拉稀，但多不带血。生产性能下降，对其他疾病易感性增强。

## 6 病理变化

病鸡消瘦，鸡冠与黏膜苍白，内脏变化主要发生在肠管，病变部位和程度与球虫的种别有关。柔嫩艾美耳球虫主要侵害盲肠，2 支盲肠显著肿大，可为正常的 3～5 倍，肠腔中充满凝固的或新鲜的暗红色血液，盲肠上皮变厚，有严重的糜烂。鸡毒害艾美耳球虫损害小肠中段，使肠壁扩张、增厚，有严重的坏死。在裂殖体繁殖的部位，有明显的淡白色斑点，黏膜上有许多小出血点。肠管中有凝固的血液或有胡萝卜色胶冻状的内容物。巨型艾美耳球虫损害小肠中段，可使肠管扩张，肠壁增厚；内容物黏稠，呈淡灰色、淡褐色或淡红色。堆型艾美耳球虫多在上皮表层发育，并且同一发育阶段的虫体常聚集在一起，在被损害的肠段出现大量淡白色斑点。哈氏艾美耳球虫损害小肠前段，肠壁上出现大头针头大小的出血点，黏膜有严重的出血。若多种球虫混合感染，则肠管粗大，肠黏膜上有大量的出血点，肠管中有大量的带有脱落的肠上皮细胞的紫黑色血液。

## 7 诊断

用饱和盐水漂浮法或粪便涂片查到球虫卵囊，或死后取肠黏膜触片或刮取肠黏膜涂片查到裂殖体、裂殖子或配子体，均可确诊为球虫感染，但由于鸡的带虫现象极为普遍，因此，是不是由球虫引起的发病和死亡，应根据临诊症状、流行病学资料、病理剖检情况和病原检查结果进行综合判断。

## 8 防治

### 8.1 加强饲养管理

保持鸡舍干燥、通风和鸡场卫生，定期清除粪便，堆放；发酵以杀灭卵囊。每千克日粮中添加 0.25～0.5 mg 硒可增强鸡对球虫的抵抗力。补充足够的维生素 K 和给予 3～7 倍推荐量的维生素 A 可加速鸡患球虫病后的康复。

### 8.2 免疫预防

据报道，应用鸡胚传代致弱的虫株或早熟选育的致弱虫株给鸡免疫接种，可使鸡对球虫病产生较好的预防效果。亦有人利用强毒株球虫采用少量多次感染的涓滴免疫法给鸡接种，可使鸡获得坚强的免疫力，但此法使用的是强毒球虫，易造成病原散播，生产中应慎用。此外有关球虫疫苗的保存、运输、免疫时机、免疫剂量及免疫保护性和疫苗安全性等诸多问题，均有待进一步研究。

## 8.3 药物防制

①氨丙啉：可混饲或饮水给药。混饲预防浓度为100～125 mg/kg，连用2～4周；治疗浓度为250 mg/kg，连用1～2周，然后减半，连用2～4周。应用本药期间，应控制每千克饲料中维生素$B_1$的含量以不超过10 mg为宜，以免降低药效。

②球王：磺胺喹恶啉钠可溶性粉。预防量：混饲本品100 g拌料80～100 kg；混饮本品100 g对水100～150 kg，连用3～5 d，治疗量加倍。注意：连续饮用不得超过5 d；蛋鸡产蛋期禁用。

③球立克：通用名驱虫散。预防量：混饮本品100 g对水400 kg，自由饮，连用3～5 d，治疗量加倍。

## 参考文献

[1] [美] B·W·卡尔尼克. 9版. 禽病学. 北京：北京农业大学出版社，1991.

[2] 傅先强，刘占军等. 养禽场禽病检验手册. 北京：北京农业大学出版社，1997.

[3] 甘孟侯，蒋金书，林昆华，李庆怀. 畜禽群发病防治. 北京：中国农业大学出版社，2009.

# 浅谈中兽药在防治猪病方面的应用

王　红

（北京市昌平区动物疫病预防控制中心，北京，102200）

随着畜牧业的发展，猪病的发生与流行、猪病防治过程中滥用药物问题越来越严重，特别对猪病的防控势必带来影响。

在《兽医处方药遴选原则和兽用处方药目录》（征求意见稿）中，对兽医临床疾病诊断与合理用药提出了更高的要求。中兽药是在中兽医理论指导下用于防治动物疫病与提高畜禽生产性能的物质，下面浅谈中兽药在养猪保健与猪病防治实践中的应用。

## 1　中兽药防治猪病的特点与优势

中兽医药在几千年的发展进程中对猪病防控有着很好的疗效。中兽药具有以下显著的特点与优势。

### 1.1　抗病原微生物作用

一些中草药含有抗菌物质如小檗碱、大蒜素、鱼腥草素等植物杀菌素直接作用于病原微生物，抑制其生长繁殖或杀灭病原微生物，达到防治疾病的效果。清热类药在抗病原微生物方面效果尤为显著，如金银花、连翘、黄连、板蓝根、贯众、鱼腥草等对葡萄球菌、溶血性链球菌、痢疾杆菌、大肠杆菌、沙门氏菌、绿脓杆菌等革兰氏阳性和阴性菌都有杀灭和抑制作用，并能预防病毒、钩端螺旋体、致病性真菌和原虫感染；同时，许多中草药如苦参、白头翁、蒲公英等能激发机体抗感染的免疫功能，增强网状内皮细胞的吞噬能力，促进抗体的形成。

中草药抗病毒、抗感染的基本理论基础是扶正祛邪。中药抗病毒主要有直接抑制病毒与间接抑制病毒两条途径。直接抑制病毒主要是阻断病毒生存与繁殖过程的吸附、侵入、代谢、复制、成熟中的某一环节，从而达到抗病毒感染的目的。如槟榔、常山的浸出液可明显抑制流感病毒的感染。间接抑制病毒，是指中药提高机体免疫功能的作用，如黄芪、党参、茯苓、淫羊藿、白术、甘草等，通过促进机体的特异性和非特异性免疫功能、诱生干扰素等途径而达到抑制病毒的目的。

## 1.2 调节机体免疫作用

中草药中的主要有效活性成分有多糖、苷类、生物碱、挥发油类、蒽醌类和有机酸类等，其中，诸多成分有调节机体免疫功能、增强机体细胞免疫、体液免疫的作用。中药中的补益药与补虚方剂对免疫功能的作用尤其明显，如枸杞多糖具有提高和增强免疫系统中 T 淋巴细胞、B 淋巴细胞功能的作用；人参皂苷具有显著增强动物机体免疫功能的作用；党参、首乌、刺五加能升高外周血白细胞比率，增强网状内皮系统吞噬功能；黄芪可提高辐射小鼠血清溶菌酶含量，增强非特异性免疫，并可使环磷酰胺造模的免疫抑制小鼠血清 IgG 含量显著增加；大蒜素为大蒜的挥发油，它能使免疫器官和外周淋巴增殖，提高淋巴细胞转化率与 T 淋巴细胞比率，从而增强细胞免疫与体液免疫功能。中兽医经典方剂中四君子汤、四物汤、六味地黄丸等都对细胞免疫和抗体形成有促进作用。

## 1.3 调节机体代谢

中兽医理论强调“标本兼治”“祛邪不伤正”，如消食平胃散、二苓平胃散、增液承气汤配伍中就充分考虑了治疗泻痢、便秘时对脾胃正气的顾护。小柴胡汤、龙胆泻肝汤、八正散在治疗肝郁、黄疸、水湿潴留时就注意了对肝肾功能的保护。说明中药不仅防病治病，更注重调节机体脏腑功能，维持肝肾脾胃等的正常状态与协调平衡，使营养物质得以充分吸收，恢复与维持机体正常的新陈代谢。中药成分里的蛋白质、多糖、氨基酸、脂肪、维生素、矿物质、色素等更是直接参与机体的新陈代谢活动，促进动物生长发育与畜产品品质改善。

## 1.4 毒副作用低，几乎无抗药性

中药大多为天然的植物、动物、矿物质入药，且经过人类数千年的反复试验、筛选与认知，大多为对人类有益无害的物质，许多还是食药兼用的品种，即使少部分有一定毒性的中药，也要经过严格的炮制与合理的配伍以限制其毒性，所以中药的毒副作用很低。中药作用有多成分、多靶点的特点，中药的主要成分为生物碱、挥发油、苷类、有机酸、多糖、鞣质、纤维素等生物大分子，且中药应用多为复方形式，以复方中各药多种成分，加之方剂的复杂反应，进入机体后从呼吸、生化代谢、能量转化、遗传物质（核糖核酸、脱氧核糖核酸）、繁殖等多个环节干扰和（或）阻断病原微生物的生存与繁殖继代，病原微生物很难对其产生抗药性，从而有效地抑制和杀灭病原微生物。

## 1.5 中兽药现代工艺改善适口性

中药以简单加工的植物药材为主体，大多数药物具有苦涩辛辣的气味，适口性不佳，对于味觉灵敏而大规模饲养的生猪，中兽药的使用有一定难度。但是随着中药现代生产工艺的研究与推广，中药提取技术、中药微生态发酵技术、中药超微粉碎技术、中药新制剂技术等得到迅速普及，中药注射液、颗粒剂、口服液、浸膏剂、新型散剂等大量面世，它们使用量小、质量可控、疗效突出、给药途径多样化，口服制剂则很好地解决了生猪的适口性问题。

# 2 中兽药防治猪病

## 2.1 猪高热综合征

猪高热病在各地频繁发生，夏季尤甚。其病来势凶猛，病猪高热不退或反复发热，皮肤红紫，出血发斑，食欲减少甚至废绝，气促喘粗，尿液短黄。死亡率高，给养殖业主造成了重大经济损失。经过多年的研究与实践观察，常规治疗方法主要是退热、抗菌、抗炎、抗过敏等，对症治疗的结果往往是停药后很快复发，养殖户深受其苦。而猪也容易产生耐药性甚至药物中毒，抗病毒、提高机体免疫力方为治本之策。近年来使用中药板青颗粒为主防治高热病取得了较为满意的效果。板青颗粒收载于《中国兽药典》，由板蓝根、大青叶两味药物提取制成，具有清热解毒、消肿散结、凉血利咽等功效，主用于风热感冒、热毒发斑、瘟热肿痛等病症，养殖实践中用于多种动物的感染性疾病效果显著。试验研究证明，该品能增加免疫器官脾的重量，增强机体细胞免疫与体液免疫功能，从而提高机体免疫力，对流感病毒、链球菌、大肠杆菌、肺炎支原体等细菌、病毒、支原体具有一定抑制作用。同时，对血小板聚集有显著抑制作用，有使内毒素失活的功能。临床应用发现，对多种细菌、病毒引起的猪高热类疾病有明显的治疗作用，可快速退热且不易反复，患猪能快速恢复饮食欲，死亡率明显降低。用于猪群日常预防性投药保健，高热类疾病发病率显著降低。

## 2.2 猪呼吸道病综合征

猪的呼吸道疾病病原多样，常年存在，秋冬季节尤甚。由于引起呼吸道病变与症候的原因多且很难分辨，猪呼吸道病综合征(PRDC)是多种病毒、细菌与猪体免疫力低下及环境应激共同作用的结果，其主要的疾病有猪喘气病、传染性胸膜肺炎、猪萎缩性鼻炎、副猪嗜血杆菌病、猪副伤寒、猪肺疫、猪瘟、蓝耳病、圆环病毒病、猪流感等。这些疾病的病原在猪场长期存在，当饲养管理不善、营养不良、温度变化剧烈时，常常诱发呼吸道问题，各种病原的混合感染或继发感染，最终形成PRDC。PRDC多发生于保育猪和肥育猪，在13～15周龄和18～20周龄尤为突出，发病率一般为30%～60%，患病猪表现精神委顿，食欲不振甚至接近废绝；咳嗽喘气，鼻塞、流鼻涕，重者腹式呼吸至卧地不起；部分猪只表现流眼泪、眼睛分泌物增多或结膜炎;突然发病的小猪会出现体温升高、猝死的现象。哺乳期、保育期的病猪死亡率较高,肥育猪则主要表现采食减少、生长缓慢、出栏推迟。该病虽然总体死亡率不高,但可严重影响猪场的经济效益,长期以来,人们将多种抗生素用于猪呼吸道疾病的防控,取得了较好的效果,但随着发病原因的多样性,疾病表现的日益复杂以及用药方案的长期推行,猪群的耐药性越来越明显,防治效果越来越差,必须考虑新的防治途径与方案。在临床实践中,中兽药制剂甘草颗粒是很好的供选药品。甘草是常用的中药材,其功效清热解毒、止咳祛痰、益气补中、缓急止痛。甘草颗粒系甘草流浸膏经加工制成的颗粒,通过超临界流体萃取技术提取、浓缩、喷雾干燥、制粒,保全了药物的活性成分,保证了中药原有的性味和功效,具有良好的镇咳、祛痰作用。药理研究证实,甘草通过缓和呼吸道炎症的刺激,发挥镇咳作用;通过增加咽喉及支气管的分泌,使痰液更易排出,从而发挥祛痰作用。甘草通过对多种病毒的直接作用和诱生干扰素,增强天然杀伤细胞和巨噬细胞的活性,激活宿主免疫功能而发挥广谱的抗病毒作用。甘草甜素在肝脏分解为甘草次酸和葡萄糖醛酸,可与毒物结合而解毒。甘草酸或甘草次酸有去氧皮质酮类作用,对慢性肾上腺皮质功能减退症有良好功效;甘草对组织胺引起的胃酸分泌过多有抑制作用,并有抗酸和缓解胃肠平滑肌痉挛作用。所以,甘草具有抗菌、抗病毒、抗炎、镇咳、祛痰、和胃、解毒等作用,在临床上配合用于PRDC的防治有显著效果。

### 2.3 猪腹泻病

腹泻是猪的主要消化道疾病,各生长阶段的猪均易发生,尤以小猪为甚,死亡率也较高,仔猪冬春季流行性腹泻更是导致猪只大量死亡,经济损失惨重。引起猪腹泻的原因很多,有病毒(传染性胃肠炎、流行性腹泻、轮状病毒、博卡病毒、伪狂犬病等)、细菌(大肠杆菌、魏氏梭菌等)、寄生虫、消化不良、环境恶劣等。由于腹泻的多发性、复杂性、死亡率高与难于控制,业界也有称为“腹泻综合征”。哺乳仔猪腹泻多在出生后3~4日龄发病,最早可于出生后第2天发病。开始部分猪呕吐,呕吐物为黄白色乳凝块与胃液,体温在40℃左右,部分病猪体温正常,紧接着开始腹泻,腹泻开始后呕吐多半会停止,体温也恢复正常。粪便性状均是黄色稀粥样,也有的呈黄绿色水样。腹泻初期多保持吮乳,脱水发生较快,严重的仔猪一夜之间就会出现严重脱水,眼球下陷明显,脱水后病猪很快消瘦死亡。病程1~3 d,最长也不过3~5 d,发病猪死亡率几乎100%,常常是1窝仔猪仅剩下1~2头。保育猪与肥育猪腹泻死亡率相对较低,其主要损害是肠道菌群失调、胃肠黏膜损害、采食减少、消化吸收功能障碍、营养物质流失而生长发育不良。传统防治腹泻主要是抗菌与防止脱水，但长期大量使用抗生素在抑制和杀灭病原菌的同时，可能导致肠道正常菌群的进一步失衡，从而影响其消化吸收功能。中兽药抗菌机理独特，而中兽医理论讲究“治病先治吃”，在治疗胃肠道疾病时注重保护消化功能，使祛邪而不伤正。例如，猪病防治中常用的四黄止痢颗粒就是一个典型代表，四黄止痢颗粒由黄连、黄柏、大黄、黄芩、板蓝根、甘草等经提取、浓缩、制粒而成，具有清热解毒、凉血止痢的功能。方中黄连含小檗碱对大肠杆菌、痢疾杆菌、金黄色葡萄球菌等多种细菌以及部分病毒有较强抑制作用。黄芩中的黄酮类，具有广谱抗菌、抗病毒、抗真菌及抗支原体作用；黄柏对金黄色葡萄球菌、化脓性链球菌和大肠杆菌等有较强抑制作用；大黄、板蓝根和甘草对多种细菌、病毒和支原体等有抑制或杀灭作用，并有抗细菌内毒素的作用。各药合用有较强的抗病原微生物、止泻解毒的作用。临床上使用本品治疗猪的腹泻，可快速止泻，停止死亡，并可使病愈猪的消化功能很快恢复，不失为防治猪胃肠道疾病的首选药物。

## 3 中兽药防治猪病的展望

现代猪病防控工作中，“养重于防、防重于治、防治结合”的理念已是基本共识，猪体保健、猪病防制已是主要途径。在现代养猪业生物安全体系强调“保健”“防制”的背景下，以整体观念、辨证论治为基本特点，以“治未病”为基本指导思想，以“阴平阳秘、生克制化”为健康标准，以“谨察阴阳所在而调之，以平为期”为治疗目的，以“药有个性之特长、方有合群之妙用”为组方原则的中兽医药理论与技术大行其道，深受养殖业主的喜欢。

近年来，广大中兽医药工作者与兽医临床工作者大力发掘中兽医药遗产，积极利用现代生物技术与制药技术，开发生产了大量的中兽药制剂产品，涵盖猪的呼吸道疾病、消化道疾病、感染发热类疾病、提高免疫功能、催肥促长、改善猪肉品质等各个方面，对防控生猪疾病，保障畜牧业健康发展与食品安全发挥了重要作用。中兽药已成为动物保健品领域不可缺少的重要力量，新中兽药的研发更是成为了行业内的热点，在近几年批准的新兽药中，中兽药的比例越来越高，并在一类新兽药上得到了突破。中兽药产业发展十分迅速，市场份额快速提高，涌现出了部分优质名牌产品。但在取得显著成效的同时，我们应清醒地看到存在的问题，如产品组方不够严谨、用药庞杂；药材原料把关不严、使用劣质原料；疗效不够稳定、作用机理尚未完全弄清；重临床应用、轻基础研究，仿制较多、新药较少；某些产品的质量标准制定不够严格，重复性较差；散剂、口服液、颗粒剂等剂型较多而注射剂型研发偏少等。

今后在动物疫病防控中,应提倡动物福利,搞好动物健康养殖与中兽医药防治共举,更好地服务于人民。

## 参考文献

[1] 陈杖榴,刘建华,曾振灵.我国新兽药研发的思考.中国家禽,2004,26(1):2-4.

[2] 史秋梅,沈萍,汤生玲.抗菌中草药筛选试验方法研究.中国家禽,2004,8(1):45-47.

[3] 赵振升,白东英,吴朝阳,等.甲氧苄啶与抗菌药物联合抗菌作用效果试验.黑龙江畜牧兽,2005(1):60-61.

[4] 姚火春.兽医微生物学实验指导.2版.北京:中国农业出版社,2006:20-21.

[5] 应永飞.滥用兽药是自毁养殖"长城"——畜禽产品的兽药残留问题及其解决对策.中国动物保健,2008(3):21-26.

[6] 狄永厚.中药与西药之我见.中外健康文摘:临床医药版,2008,5(5):31.

[7] 刘天强,何健东,庄剑彬.中医药在预防抗生素滥用及其引起病症中的应用.亚太传统医药,2008,4(5):87-89.

[8] 邬苏晓,肖正中,李淑仪,等.中草药制剂对猪链球菌和大肠杆菌的体外抑菌效果.江苏农业科学,2008(5):183-184.

[9] 王曼华,孙化萍,梁建卫.经方"药对"配伍理论研究概况.辽宁中医药大学学报,2008,10(1).

[10] 田林,傅春升,张学顺.中药配伍中的药对配对原则及依据.医学研究杂志,2009,38(8):103-105.

[11] 李书宏,王刚,陈庄,等.中药复方超微粉制剂对人工诱发鸡大肠杆菌病的药效研究.广东农业科学,2010(12):116-118.

[12] 中国兽药典委员会.中国兽药典(2010版二部).北京:中国农业出版社,2010:428.

[13] 李福娟,石学魁,张晓莉,等.苦参、黄连及其配伍的体外抑菌研究.牡丹江医学院学报,2010,31(3):17-19.

[14] 于秀莲.鸡大肠杆菌病的病理变化类型介绍.养殖技术顾问,2011(1):120.

[15] 邵泽光,丰西科,高春风.中西药治疗鸡大肠杆菌病的试验.中国畜禽种业,2011(1):144-146.

[16] 王宏军,周铁忠,刘孝刚,等.协同指数法筛选银翘天甘组方的最佳剂量配

比.动物医学进展,2011,32(1):58-62.
[17] 郎利敏，王克领，张立宪，等.10味中药对畜禽大肠杆菌的体外抗菌活性试验.中兽医学杂志,2011(3):6-8.
[18] 王红,姚学军,徐卫东,等.浅谈中兽药制剂在动物饲料添加剂中的应用.北京农业杂志,2008(36):46-47.